Sitzungsberichte des Plenums
und der Klassen
der Akademie der Wissenschaften
der DDR

3
1972

# Zu einigen Fragen großer Systeme

AKADEMIE-VERLAG · BERLIN

Sitzungsberichte des Plenums
und der Klassen
der Akademie der Wissenschaften
der DDR Jahrgang 1972 Nr. 3

E.-G. Woschni / F.-H. Lange
K. Reinisch / W. Kämmerer

# ZU EINIGEN FRAGEN GROSSER SYSTEME

Mit 60 Abbildungen

AKADEMIE-VERLAG BERLIN
1973

Vorträge gehalten von Prof. Dr.-Ing. habil. Eugen-Georg Woschni, Franz-Heinrich Lange, Korrespondierendes Mitglied der Akademie der Wissenschaften der DDR, Prof. Dr.-Ing. Karl Reinisch und Prof. Dr. Wilhelm Kämmerer in den Sitzungen der Klasse „Kybernetische Aspekte des Arbeitsprozesses biologischer und gesellschaftlicher Kommunikationssysteme“
(Leiter: Hans Drischel, Ordentliches Mitglied der Akademie der Wissenschaften der DDR)
vom 19. 11. 1970, 17. 12. 1970, 25. 2. 1971 und 23. 3. 1972.

Herausgegeben im Auftrage
des Präsidenten der Akademie der Wissenschaften der DDR
von Vizepräsident Werner Hartke

Erschienen im Akademie-Verlag GmbH, 108 Berlin, Leipziger Straße 3 – 4

Lizenznummer: 202 · 100/426/73
Gesamtherstellung: VEB Druckerei „Thomas Müntzer“, 582 Bad Langensalza
Bestellnummer: 761 863 3 (2010/72/3) · ES 19 B 1/20 K 2
Printed in German Democratic Republic
12,–

Eugen-Georg Woschni

# Einige Optimierungskriterien in informationstheoretischer Sicht und Beispiele für deren Anwendung

## *1. Einleitung: Grundlagen*

Im folgenden sollen Optimierungen des Systemverhaltens mittels Optimierungskriterien behandelt werden, die sich auf Grund informationstheoretischer Betrachtungen ergeben. Zur Vorbereitung der Problemstellung und deren Lösung sollen einleitend kurz die wichtigsten Beziehungen der linearen Signal-, System- und Informationstheorie zusammengestellt werden.

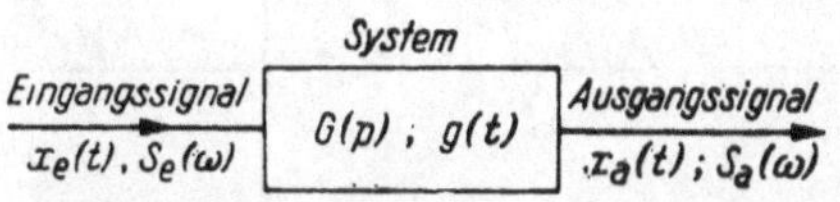


Abb. 1. Den Betrachtungen zugrunde gelegtes lineares System mit den Systemkenngrößen $G(p)$ und $g(t)$

Das in Abb. 1 skizzierte System wird mit einem Eingangssignal $x_e(t)$ und der zugehörigen spektralen Leistungsdichte $S_e(\omega)$ beaufschlagt. Als Ausgangssignal erhält man $x_a(t)$ bzw. die spektrale Leistungsdichte $S_a(\omega)$. Die Systeme seien im folgenden als linear und stabil vorausgesetzt.

Zur Beschreibung der Signale dient die Signaltheorie mit der Zeitfunktion $x(t)$, der zugehörigen Frequenzfunktion, dem sog. komplexen Amplitudenspektrum $\hat{\boldsymbol{X}}(j\,\omega)$ sowie den durch Mittelwertbildung hervorgehenden Kenngrößen Autokorrelationsfunktion $\psi_{xx}(\tau)$ und Leistungsspektrum $S(\omega)$. Die Umrechnungen sind in Abb. 2 überblicksmäßig zusammengestellt, wobei $\mathfrak{F}$ das Zeichen für ,,Fourier-Transformation" darstellt.

Die Systemtheorie liefert den Zusammenhang zwischen den Ausgangs- und Eingangsgrößen des in Abb. 1 dargestellten Systems. Dabei werden als Kenngrößen für das lineare System die *Übertragungsfunktion* $G(p)$ als verallgemeinerter Frequenzgang bzw. die entsprechende Zeitfunktion, die sog. *Gewichtsfunktion* $g(t)$ (Einheitsstoßantwort), benutzt [1; 2]. Zwischen diesen Kennfunktionen bestehen die Umrechnungen mit

| Zeitbereich | | Umrechnung | Frequenzbereich | |
|---|---|---|---|---|
| Kennzeichen | Zeitfunktion $x(t)$ | Umrechnung | Amplitudendichte $\hat{X}(j\,\omega)$ | Kennzeichen |
| mit Phasen-information; reelle Funktion einer reellen Variablen | $x(t) = \frac{1}{2\pi} \int_{-\infty}^{+\infty} \hat{X}(j\,\omega)\, e^{j\,\omega\,t}\, d\omega$ | $- \mathfrak{F} \rightarrow$ <br> $\leftarrow \mathfrak{F}^{-1} -$ | $\hat{X}(j\,\omega) = \int_{-\infty}^{+\infty} x(t)\, e^{-j\,\omega\,t}\, dt$ | mit Phasen-information; komplexe Funktion einer reellen Variablen |
| Umrechnung | $\downarrow \psi_{xx}(\tau) = \lim_{T\to\infty} \frac{1}{2\,T} \int_{-T}^{+T} x(t)\, x(t+\tau)\, dt$ | | $S(\omega) = \frac{1}{2\pi} \lim_{T\to\infty} \frac{\lvert\hat{X}(j\,\omega)\rvert^2}{2\,T} \downarrow$ | nur einseitige Umrechnung in Pfeilrichtung möglich |
| ohne Phasen-information; reelle Funktion einer reellen Variablen | Autokorrelationsfunktion $\psi_{xx}(\tau)$ <br> $\psi_{xx}(\tau) = \int_{-\infty}^{+\infty} S(\omega)\, e^{j\,\omega\,\tau}\, d\omega$ | $- \mathfrak{F} \rightarrow$ <br> $\leftarrow \mathfrak{F}^{-1} -$ | Leistungsspektrum $S(\omega)$ <br> $S(\omega) = \frac{1}{2\pi} \int_{-\infty}^{+\infty} \psi_{xx}(\tau)\, e^{-j\,\omega\,\tau}\, d\tau$ | ohne Phasen-information; reelle Funktion einer reellen Variablen |

Abb. 2. Umrechnungen der Signalkenngrößen

der LAPLACE-Transformation als verallgemeinerter FOURIER-Transformation [1; 2]

$$\left.\begin{aligned} G(p) &= \mathfrak{L}\{g(t)\} = \int_{-\infty}^{+\infty} g(t)\, \mathrm{e}^{-pt}\, \mathrm{d}t\,, \\ g(t) &= \mathfrak{L}^{-1}\{G(p)\} = \frac{1}{2\pi j} \int_{c-j\infty}^{c+j\infty} G(p)\, \mathrm{e}^{pt}\, \mathrm{d}p\,. \end{aligned}\right\} \quad (1\,\mathrm{a,\,b})$$

$$\begin{array}{ccc} x_e(t) & \xrightarrow{x_a(t) = x_e(t) * g(t)} & x_a(t) \\ \Big\downarrow \mathfrak{L} & & \Big\uparrow \mathfrak{L}^{-1} \\ \mathfrak{L}\{x_e(t)\} & \xrightarrow{\mathfrak{L}\{x_a(t)\} = G(p)\cdot\mathfrak{L}\{x_e(t)\}} & \mathfrak{L}\{x_a(t)\} \end{array}$$

Abb. 3. Zusammenhang zwischen Ausgangs- und Eingangsgröße bei linearen Systemen

Entsprechend dem in Abb. 3 dargestellten Berechnungsschema erhält man für die Ausgangsgröße $x_a(t)$ bei gegebener Eingangssgröße $x_e(t)$ mit den Systemkenngrößen $g(t)$ bzw. $G(p)$ die Beziehungen [1; 2]

$$\mathfrak{L}\{x_a(t)\} = \mathfrak{L}\{x_e(t)\} \cdot G(p) \quad (2\,\mathrm{a})$$

bzw. das sog. *Faltungsintegral* [3; 4]

$$x_a(t) = \mathfrak{L}^{-1}\left\{\mathfrak{L}\{x_a(t)\}\right\} = x_e(t) * g(t) = \int_0^t x_e(\tau)\, g(t-\tau)\, \mathrm{d}\tau \quad (2\,\mathrm{b})$$

Zur physikalischen Veranschaulichung der Beziehungen seien kurz noch die für Abschätzungen in der Technik besonders wichtigen Näherungsbetrachtungen erwähnt: Hierzu wird die *Übergangsfunktion* $h(t)$, die als Integral über die Gewichtsfunktion

$$h(t) = \int_0^t g(\tau)\, \mathrm{d}\tau \quad (3)$$

erklärt ist, durch einen rampenförmigen Verlauf ersetzt, dessen Anstiegsdauer der sog. „Einschwingzeit“ $t_E$ gleichgesetzt wird. Da diese Übergangsfunktion die Antwort des Systems auf einen Sprung darstellt, kann nach Abb. 4 die Antwort auf einen Stoß der Dauer $\Delta t$ leicht abgeschätzt werden. Diese Abschätzung ist in der Technik besonders wichtig, da sich viele Vorgänge näherungsweise durch derartige Stöße beschreiben

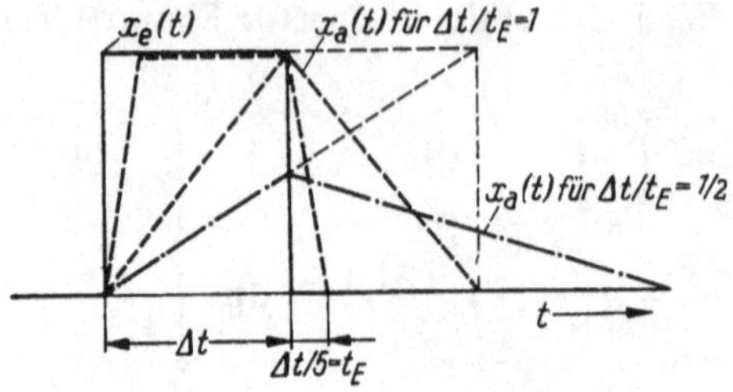


Abb. 4. Abschätzung der Ausgangsfunktion $x_a(t)$ mit Hilfe der Übergangsfunktion, falls als Eingangsgröße ein Stoß der Dauer $\Delta t$ vorliegt [5]

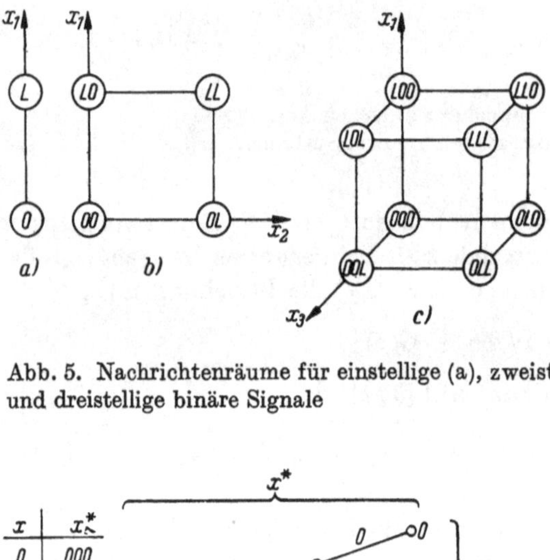


Abb. 5. Nachrichtenräume für einstellige (a), zweistellige (b) und dreistellige binäre Signale

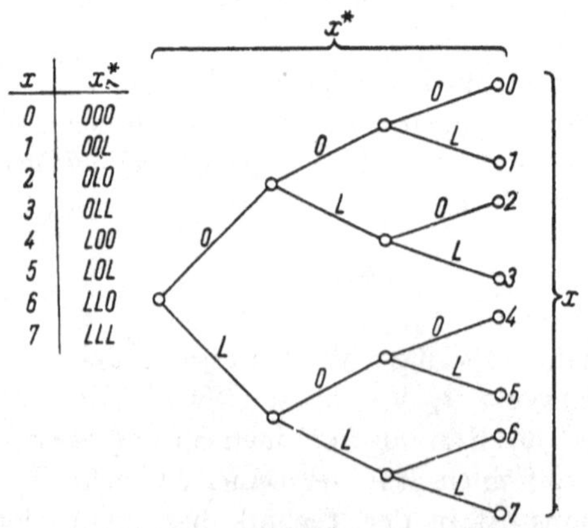


Abb. 6. Signaldarstellung als Kodebaum für dreistelliges binäres Signal

bzw. aus ihnen aufbauen lassen. Man erkennt insbesondere, daß z. B. für $t_E = 2\,\Delta t$ nur die halbe Höhe des Stoßes angezeigt wird, da das System die doppelte Zeit zum Einschwingen auf den vollen Wert brauchen würde.

Dieser Signal- und Systemtheorie steht die Informationstheorie als übergeordnete Theorie der Informationsgewinnung, -übertragung und -verarbeitung zur Seite. Sie geht aus von den Wahrscheinlichkeiten $p_r$ für das Auftreten einer bestimmten Nachricht, wobei für die Nachrichten geometrische Darstellungen als Nachrichten- oder *Signalräume* (Abb. 5) bzw. *Kodebäume* (Abb. 6) bevorzugt werden.

Sind insgesamt $m$ mögliche verschiedene Nachrichten vorhanden (d. h. $m$ besetzte Kodeworte im Kodebaum bzw. im Signalraum) und sind sie im einfachsten Fall alle gleichwahrscheinlich, so ist

$$p_r = \frac{1}{m} \tag{4a}$$

die *Wahrscheinlichkeit* für das Auftreten eines dieser Kodeworte. Entsprechend der Definition der Information [6; 7] erhält man folglich für den maximalen Informationsbetrag, den sog. *Entscheidungsgehalt* $H_0$:

$$H_0 = {}^2\log m = -\,{}^2\log p_r\,. \tag{4b}$$

Sind die einzelnen Kodeworte nicht gleichwahrscheinlich, so ist der gewogene Mittelwert zu nehmen, der mittlerer Informationsgehalt oder auch *Entropie* $H$ genannt wird:

$$H = -\sum p_r\,{}^2\log p_r\,. \tag{4c}$$

Entsprechend dem Bezug auf ein Logarithmensystem mit der Basis zwei wird die Information bei dieser Definition in bit gemessen. Der *Informationsgehalt* gibt damit zugleich die Zahl der binären Speicherplätze an, die man zum Speichern der Information $H$ mindestens benötigt, und hat in der Technik bei der Informationsverarbeitung eine besondere Bedeutung [7].

Die Einschwingzeit $t_E$ eines Systems hängt über dem *Abtasttheorem* [6] mit der Grenzfrequenz $f_g$ nach der Beziehung

$$t_E = \frac{1}{2\,f_g} \tag{5}$$

zusammen. Damit läßt sich angeben, wieviel Information je Sekunde man übertragen kann, wenn $H$ die Information je übertragenem einzelnem

Wert ist. Der sog. *Informationsfluß* beträgt folglich

$$\mathfrak{J} = \frac{1}{t_E} H = 2 f_g H \tag{6a}$$

Der Maximalwert für ein gegebenes System ist die sog. SHANNONsche Kanalkapazität $C_t$ [8]

$$C_t = \frac{1}{t_E} H_{\text{opt}} = 2 f_g H_{\text{opt}}. \tag{6b}$$

Abb. 7 gibt einen Überblick über die *Kanalkapazitäten* einiger technischer Gebilde sowie bei der Informationsaufnahme durch den Menschen.

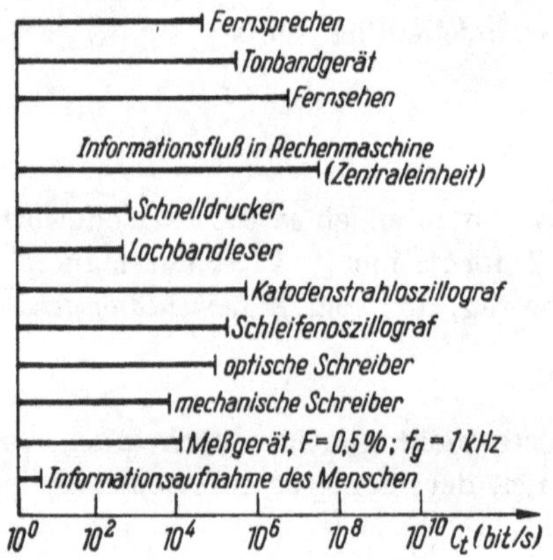


Abb. 7. Kanalkapazitäten einiger technischer Geräte sowie bei der Informationsaufnahme durch den Menschen

Bisher werden die Disziplinen der Signal- und Systemtheorie sowie der Informationstheorie meist nebeneinanderstehend als getrennte Gebiete behandelt. In vorliegender Arbeit sollen die *Verbindungen* in den Vordergrund gerückt werden, und es soll gezeigt werden, wie sich hieraus neue *Optimierungskriterien* gewinnen lassen. So enthält der Informationsfluß nach Gl. (6a) sowohl Aussagen über die *statischen* Eigenschaften, gegeben durch den Informationsgehalt $H$, als auch über die *dynamischen* Eigenschaften, ausgedrückt durch Einschwingzeit $t_E$ bzw. Grenzfrequenz $f_g$. Für die Optimierung sind beide Eigenschaften zu berücksichtigen, so daß sich der *Informationsfluß* als Gütemaß anbietet, das sowohl statisches als auch dynamisches Verhalten in durch die Informationstheorie gegebener Zuordnung gleichermaßen in Rechnung stellt.

## 2. *Optimierung und Optimierungskriterien*

Im allgemeinen hängt das Verhalten eines Systems von einer Reihe von Parametern $k_i$ ab, die oft frei wählbar sind. So sind z. B. die Kennfunktionen des in Abb. 1 dargestellten linearen Systems Funktionen dieser Parameter $k_i$:

$$G(p) = f_1(k_i), \qquad g(t) = f_2(k_i) \tag{7}$$

Ist eine Veränderung der Parameter des Systems nicht möglich, so kann die Optimierung durch ein zusätzliches Korrektursystem vorgenommen werden, dessen Parameter einstellbar sind. Das Wesen der Optimierung besteht bekanntlich darin, daß für das jeweilige optimale System $G_{\text{opt}}$ die Werte dieser Parameter so eingestellt werden, daß ein zweckmäßig gewähltes, von diesen Parametern abhängiges *Gütekriterium*

$$f(k_i, \ldots) \tag{8}$$

einen *extremalen* Wert annimmt.

Der geschilderte Grundgedanke ist in den Abbildungen 8 und 9 dargestellt: Es werden die Differenz zwischen den Wirkungen (Ausgangsgrößen) des *optimalen* Systems (Modell) und des *realen* Systems festgestellt, entsprechend der Rechenvorschrift, die durch das Optimierungskriterium gegeben ist, bewertet und die Parameter $k_i$ so eingestellt, daß das reale System dem optimalen System möglichst nahekommt. Für ein System mit mehreren Eingängen zeigt Abb. 9 die Realisierung des gleichen Grundgedankens.

Bevor auf die Gütekriterien, deren Zweckmäßigkeit und Bedeutung für den Optimierungsprozeß näher eingegangen wird, seien noch einige Bemerkungen zu den verschiedenen *Optimierungsarten* vorangestellt:

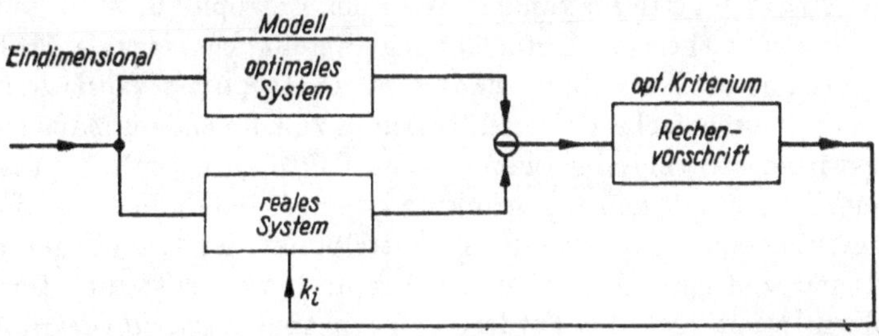


Abb. 8. Grundprinzip der Optimierung für eindimensionale Probleme

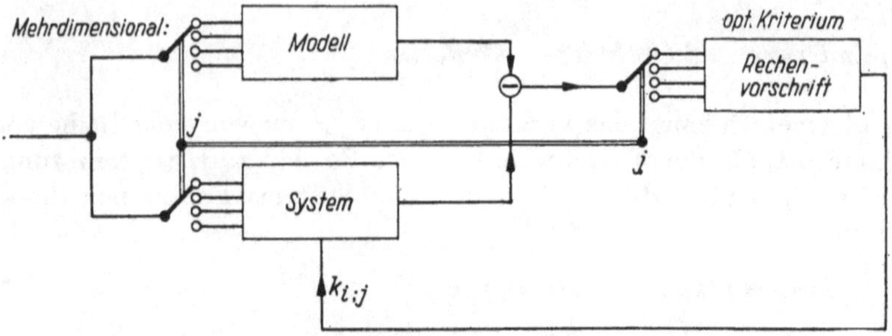


Abb. 9. Grundprinzip der Optimierung für mehrdimensionale Probleme

Man unterscheidet zwischen statischem und dynamischem Optimieren. Beide unterscheiden sich in der Definition der Gütefunktion: Wird das System so dimensioniert (werden die Parameter $k_i$ so bestimmt), daß eine Gütefunktion, die direkt von diesen Parametern abhängt, optimal wird,

$$f(k_i) \rightarrow \text{Opt}\,, \tag{9a}$$

so handelt es sich um eine *statische Optimierung.*

Im Falle der *dynamischen Optimierung* dagegen wird ein Vorgang $x_r(t)$ gesucht derart, daß eine von diesem Vorgang $x_r(t)$ abhängige Gütefunktion

$$f\left(x_r(t)\ \ldots\right) \rightarrow \text{Opt} \tag{9b}$$

– ein sog. Funktional – einen extremalen Wert annimmt [9; 10].

Bereits hier ergeben sich Verbindungen zur Informationstheorie: Beim sequentiellen Suchverfahren, einem speziellen Verfahren zur Optimierung, sollten zur Realisierung einer optimalen Strategie die Suchintervalle so konzipiert werden, daß eine Entscheidung zwischen zwei möglichen Alternativen mit den jeweiligen Wahrscheinlichkeiten 0,5 erfolgt. Entsprechend der Beziehung (4c) erhält man nämlich für $p_1 = p_2 = 0{,}5$ mit $H = H_0 = 1$ bit den maximalen Wert der Entropie [6; 7].

Nach den bisherigen Untersuchungen stellt das zentrale Problem der Optimierung die Aufstellung eines geeigneten *Optimierungskriteriums* dar. Neben rein technische Kriterien treten in zunehmendem Maße solche, die volkswirtschaftliche oder ökonomische Faktoren enthalten. Dieses Probleme, die eng mit den sog. großen Systemen und deren Optimierung zusammenhängen, stehen heute im Mittelpunkt der Grundlagenforschung und sind von einer generellen Lösung noch weit entfernt. Das Hauptproblem stellt hier die Forderung nach einer *Algorithmisierung* dieser Kriterien dar, die Voraussetzung für eine Lösung des Optimierungsproblems ist. Ähnliche Schwierigkeiten gibt es bezüglich der mathematischen Formulierung des in den Abbildungen 8 und 9 dargestellten Modells des idealen Systems.

Selbst bei den Optimierungskriterien unter Berücksichtigung nur technischer Aufgabenstellungen ist heute eine generelle Lösung noch nicht gefunden: Es gibt eine Reihe „klassischer" Optimierungskriterien, die durch bereits erforschte Naturgesetze gegeben sind, wie z. B. das Kriterium der minimalen Zeit bei der Wellenausbreitung oder das bekannte Kriterium der Mechanik

$$\int_{t_1}^{t_2} (T - V)\,\mathrm{d}t \to \mathrm{Min}\,, \tag{10}$$

wobei $T$ die kinetische Energie, $V$ die potentielle Energie darstellen.

In der Informationstechnik wird wegen der günstigen Berechnungsmöglichkeiten oft der mittlere quadratische Fehler $\overline{\varepsilon^2}$ als Optimierungskriterium benutzt, wobei man fordert, daß dieser Fehler zu einem Minimum wird:

$$\overline{\varepsilon^2} \to \mathrm{Min}\,. \tag{11}$$

Wegen der besonderen Bedeutung wollen wir uns mit der *Optimierung informationsverarbeitender Systeme* eingehender beschäftigen. Vielfach sind derartige Systeme in ihren Parametern nur wenig oder gar nicht beeinflußbar, wie z. B. viele Regelstrecken der Automatisierungstechnik oder bereits fertig vorliegende Meßsysteme. In derartigen Fällen läßt sich eine Beeinflussung der Parameter $k_i$ jedoch stets indirekt über in Reihe, parallel oder gegengeschaltete Korrektursysteme erreichen. Da sich die Parallel- oder Gegenschaltung in eine Reihenschaltung umrechnen läßt [2; 11], sei im folgenden dieser Fall betrachtet. Nach Abb. 10 wird

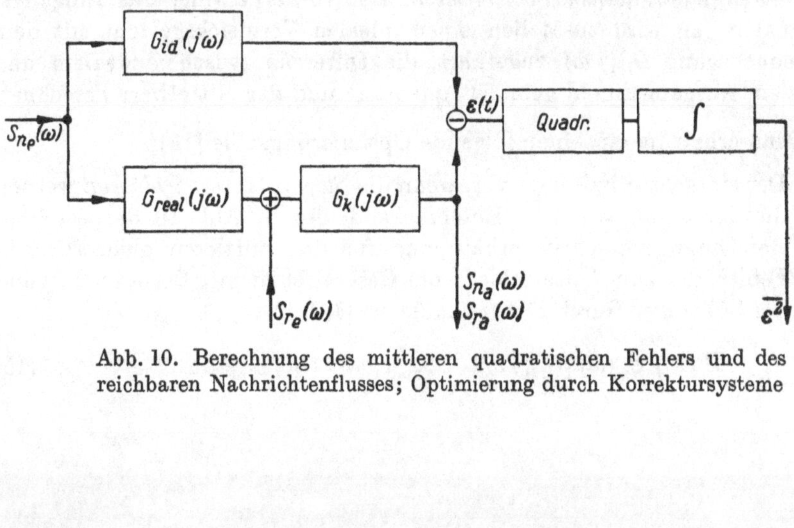


Abb. 10. Berechnung des mittleren quadratischen Fehlers und des erreichbaren Nachrichtenflusses; Optimierung durch Korrektursysteme

das Eingangssignal, beschrieben durch das Leistungsspektrum $S_{n_e}(\omega)$, der Reihenschaltung des realen Systems mit dem Frequenzgang $G_{\text{real}}(j\,\omega)$ und eines Korrektursystems $G_k(j\,\omega)$ zugeführt. In den Systemen entstehende Störungen werden auf den Ausgang des Systems $G_{\text{real}}(j\,\omega)$ umgerechnet, haben das Leistungsspektrum $S_{r_e}(\omega)$ und werden dort addiert. Am Ausgang eines derartigen korrigierten Gesamtsystems entstehen die spektrale Nutzleistung $S_{n_a}(\omega)$ und damit die Ausgangsleistung des Nutzsignals

$$P_{N_a} = \int_0^\infty S_{n_a}(\omega)\,\mathrm{d}\omega \tag{12a}$$

sowie die spektrale Störleistung $S_{r_a}(\omega)$ und somit die Ausgangsstörleistung

$$P_{R_a} = \int_0^\infty S_{r_a}(\omega)\,\mathrm{d}\omega\,. \tag{12b}$$

Die optimalen Parameter $k_i$ dieses Systems können durch entsprechende Wahl der Parameter des *Korrektursystems* eingestellt werden. Man erhält nämlich als Frequenzgang des korrigierten Systems wegen der Reihenschaltung

$$G_{\text{ges}}(j\,\omega) = G_{\text{real}}(j\,\omega)\cdot G_k(j\,\omega) \tag{13}$$

Damit lassen sich auch sofort nach den Rechenregeln der Systemtheorie [12] die Zusammenhänge zwischen spektralen Ausgangs- und Eingangsgrößen anschreiben:

$$S_{n_a}(\omega) = |G_{\text{real}}(j\,\omega)\cdot G_k(j\,\omega)|^2\,S_{n_e}(\omega)\,, \tag{14a}$$

$$S_{r_a}(\omega) = |G_k(j\,\omega)|^2\,S_{r_e}(\omega) \tag{14b}$$

Die Berechnung des der Optimierung nach Gl. (11) zugrunde gelegten *mittleren quadratischen Fehlers* ist in Bild 10 dargestellt: Das Eingangssignal $S_{n_e}(\omega)$ wird zusätzlich einem idealen Vergleichssystem mit dem Frequenzgang $G_{\text{id}}(j\,\omega)$ zugeführt, die Differenz zwischen idealem und realem Ausgangssignal gebildet, quadriert und der Mittelwert berechnet.

Man erhält im einzelnen folgende Optimierungsfälle [13]:

a) Der einfachste Fall liegt vor, wenn die *Störungen vernachlässigt* werden dürfen, $S_{r_e}(\omega) = 0$ ist. Entsprechend der in Abb. 10 dargestellten Berechnungsvorschrift erhält man für den mittleren quadratischen Fehler, der zum Unterschied zum Gesamtfehler mit Berücksichtigung der Störungen durch $\bar{\varrho}^2$ bezeichnet sei [12],

$$\bar{\varrho}^2 = \int_0^\infty S_{n_e}(\omega)\,[G_{\text{id}}(j\,\omega) - G_{\text{real}}(j\,\omega)\cdot G_k(j\,\omega)]^2\,\mathrm{d}\omega \tag{15}$$

Wie man erkennt, wird $\overline{\varrho}^2 = 0$, d. h., verschwinden die dynamischen Fehler $\overline{\varrho}^2$ für

$$G_k(j\,\omega) = \frac{G_{\text{id}}(j\,\omega)}{G_{\text{real}}(j\,\omega)}, \tag{16}$$

die Bandbreite des korrigierten System $f_{g_k}$ geht dann nach $\infty$. Inwieweit sich Gl. (16) realisieren läßt, ist in [2] näher untersucht worden. In Bild 11 ist dieser dynamische Fehler $\overline{\varrho}^2$ in Abhängigkeit von der

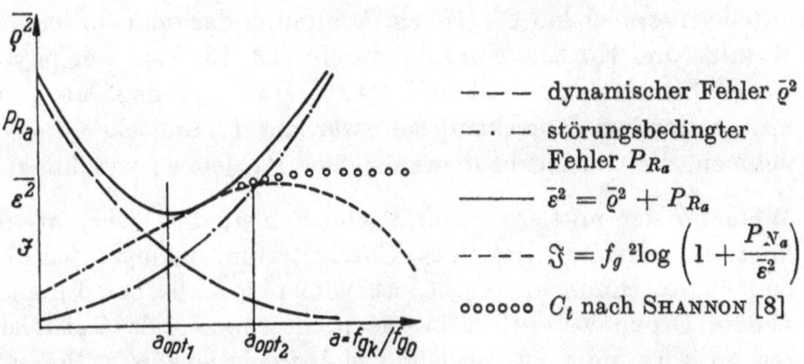


Abb. 11. Verlauf der Fehler in Abhängigkeit vom Korrekturgrad

Verbesserung der Grenzfrequenz des Systems durch die Korrektur $f_{g_k}$ gegenüber der des unkorrigierten Systems $f_{g_0}$ dargestellt. Das Verhältnis dieser Grenzfrequenzen wird durch den Korrekturgrad $a$,

$$a = \frac{f_{g_k}}{f_{g_0}}, \tag{17}$$

beschrieben. Man erkennt, wie für $a \to \infty$ der dynamische Fehler $\overline{\varrho}^2$ asymptotisch gegen Null geht. Diese Art der Optimierung wird auch *Rückrechnung* genannt [14; 15].

b) Falls $S_{r_e} \neq 0$ ist, d. h. bei *nicht vernachlässigbaren Störungen*, muß entsprechend Abb. 10 der durch die Störungen bedingte Fehler mit berücksichtigt werden. Bei fehlender Korrelation zwischen Nutzsignal und Störungen, ein in der Praxis meist vorliegender Fall, dürfen beide Anteile addiert werden. Man erhält

$$\overline{\varepsilon}^2 = \overline{\varrho}^2 + P_{R_a} \tag{18}$$

mit der Ausgangsstörleistung $P_{R_a}$ nach Gl. (12b) unter Beachtung der Beziehung (14b). Falls Korrelation zwischen Signal und Störungen vorliegt, muß dies entsprechend der Systemtheorie regelloser Vorgänge mit berücksichtigt werden [12; 16]. In Abb. 11 wurde der Verlauf des störungsbedingten Fehlers $P_{R_a}$ ebenfalls in Abhängigkeit vom Korrekturgrad $a$ eingetragen. Mit steigendem Korrekturgrad nimmt dieser Fehler zu, da durch den Amplitudengang des Korrekturnetzwerkes die Frequenzbereiche oberhalb der Grenzfrequenz des unkorrigierten Systems $f > f_{g_0}$ im allgemeinen angehoben und damit die in diesen Bereich fallenden Spektralanteile der Störungen verstärkt werden [2]. Der Gesamtfehler $\bar{\varepsilon}^2$ durchläuft als Summe der beiden Fehleranteile entsprechend Gl. (18) ein Minimum, das dem *Optimalfilter* nach WIENER und KOLMOGOROFF entspricht [12; 13; 17]. Der physikalische Grund für einen optimalen Korrekturgrad $a_{\text{opt}_1}$ liegt also darin, daß mit steigendem Korrekturgrad zwar die dynamischen Fehler $\bar{\varrho}^2$ abnehmen, die störungsbedingten Fehler $P_{R_a}$ jedoch zunehmen [18].

c) Während der mittlere quadratische Fehler, der bisher als der Optimierung zugrunde liegendes Gütekriterium benutzt wurde, relativ einfache Rechnungen ergibt, ist vom physikalischen Inhalt her eine andere Größe wesentlich besser prädestiniert, als Optimierungskriterium verwendet zu werden: der *Informationsfluß*. Bei sämtlichen Systemen der Informationsverarbeitung kommt es ja gerade darauf an, die im System zu verarbeitende Information möglichst groß zu machen.

Nach den Beziehungen der Informationstheorie berechnet sich dieser Informationsfluß exakt aus der Transinformation $H_{x;y}$ nach den Beziehungen [6; 7; 8]

$$H_{x;\,y} = -\iint p(x, y)\,\mathrm{ld}\,\frac{p(x)}{p(x/y)}\,\mathrm{d}x\,\mathrm{d}y = -\iint p(x, y)\,\mathrm{ld}\,\frac{p(y)}{p(y/x)}\,\mathrm{d}x\,\mathrm{d}y$$

$$= -\iint p(x, y)\,\mathrm{ld}\,\frac{p(x)\,p(y)}{p(x, y)}\,\mathrm{d}x\,\mathrm{d}y \tag{19}$$

wobei $p(x, y)$ die Verbundwahrscheinlichkeitsdichte zwischen den Wahrscheinlichkeitsfeldern der Eingangsgröße $x$ und der Ausgangsgröße $y$ sowie $p(y/x)$ bzw. $p(x/y)$ die entsprechenden bedingten Wahrscheinlichkeitsdichten bedeuten. Der Wert der Transinformation $H_{x;\,y}$ ist, wie bereits unter Abschnitt 1 erläutert, noch mit der reziproken Einschwingzeit bzw. dem doppelten Wert der Grenzfrequenz entsprechend Gl. (6a) zu multiplizieren, um den Informationsfluß $\mathfrak{J}$ zu erhalten.

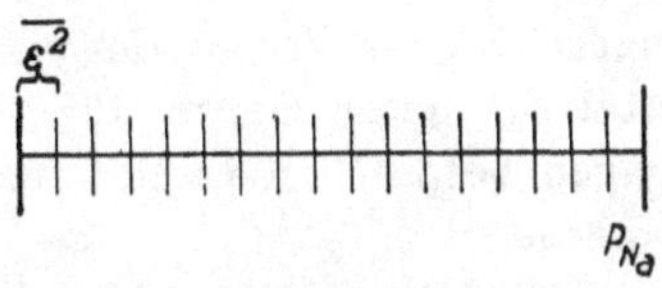

Abb. 12. Zur Berechnung der Zahl der unterscheidbaren Leistungsstufen

In der Technik kommt man heute noch, insbesondere bei den bisher angenommenen linearen Systemen, mit einfachen *Näherungsgleichungen* zum Ziel. Hierzu geht man von der Gl. (4b) aus und berechnet die Zahl der unterscheidbaren Amplitudenstufen. Wie in Abb. 12 skizziert, kann man bei einem mittleren quadratischen Fehler $\overline{\varepsilon^2}$, der die Dimension einer Leistung aufweist, und bei einer Gesamtleistung $P_{N_a}$ im Mittel

$$m_p = 1 + \frac{P_{N_a}}{\overline{\varepsilon^2}} \tag{20a}$$

Leistungsstufen unterscheiden. Der Summand 1 berücksichtigt die Stufung „Null", die mitgezählt werden muß. Die Zahl der Amplitudenstufen $m$ beträgt

$$m = \sqrt{1 + \frac{P_{N_a}}{\overline{\varepsilon^2}}}, \tag{20b}$$

und damit ergibt sich für den Nachrichtenfluß entsprechend Gl. (6a)

$$\mathfrak{J} = 2 f_g \, {}^2\log \sqrt{1 + \frac{P_{N_a}}{\overline{\varepsilon^2}}} = f_g \, {}^2\log \left(1 + \frac{P_{N_a}}{\overline{\varepsilon^2}}\right) \tag{21a}$$

Interessant ist, daß man als Grenzwert die von SHANNON stammende Gleichung für die Kanalkapazität $C_t$ erhält, wenn man nur den Rauschfehler $P_{R_a}$ einsetzt, d. h., wenn man infolge optimaler Kodierung und Rückrechnung annimmt, daß die dynamischen Fehler $\overline{\varrho^2}$ verschwinden bzw. keinen Einfluß haben [6; 7; 8]:

$$C_t = 2 f_g \, {}^2\log \sqrt{1 + \frac{P_{N_a}}{P_{R_a}}} = f_g \, {}^2\log \left(1 + \frac{P_{N_a}}{P_{R_a}}\right) \tag{21b}$$

Da nach Gl. (12a) unter Berücksichtigung von (14a) die Ausgangsleistung $P_{N_a}$ im allgemeinen mit steigendem Korrekturgrad $a$ zunimmt, folgt, daß das Maximum des Informationsflusses $a_{\mathrm{opt}_2}$ im allgemeinen oberhalb des Minimums des mittleren quadratischen Fehlers liegt (Abb. 11). Dieses sog. informationstheoretisch-optimale System liefert den maximalen Informationsfluß bei reiner Dekodierung nach der Amplitude, d. h. ohne Gedächtnis [13; 18; 19; 20; 21]. Bei Dekodierung mit Gedächtnis kann man sich dem in Abb. 11 ebenfalls eingezeichneten Verlauf des maximalen Informationsflusses, der Kanalkapazität $C_t$, weiter nähern [13].

Bevor einige technische Anwendungen besprochen werden, sollen die *Grenzen der Verfahren* kurz erläutert werden:

Die Realisierung des Korrektursystems kann mit einem Netzwerk, auf einem Analogrechner oder auf einem Digitalrechner erfolgen. In jedem dieser Fälle müssen die Realisierbarkeitsbedingungen eingehalten werden [2; 4; 12], wodurch sich Grenzen insofern ergeben, als nicht die optimale Übertragungsfunktion, sondern nur eine dieser möglichst nahekommende, jedoch realisierbare Funktion erreicht werden kann [2; 12; 20; 22].

Je größer der Korrekturgrad $a$, umso größer werden auch die Einflüsse von unvermeidlichen Parameteränderungen $\Delta k_i$. Dieser Einfluß wird durch die sog. Parameterempfindlichkeit beschrieben. Hierdurch ergeben sich weitere Einschränkungen der Möglichkeiten zur Optimierung [22; 23; 24]. Bei größeren Parameteränderungen sind u. U. adaptive Systeme einzusetzen, die sich diesen Parameteränderungen anpassen.

Schließlich ergeben die stets vorhandenen Nichtlinearitäten Grenzen, da auch deren Einfluß mit steigendem Korrekturgrad zunimmt [25].

## *3. Beispiele und Anwendungen*

Die unter 2. betrachtete Optimierung informationsverarbeitender Systeme findet Anwendung in der Nachrichten- und Datenverarbeitungstechnik, insbesondere bei der Nachrichten- und Datenübertragung, in der Regelungstechnik und neuerdings in steigendem Umfang auch bei der Optimierung von Systemen der Informationsaufnahme einschließlich der Meßtechnik. Hinzu kommt das Gebiet der „großen Systeme", die derzeit im Mittelpunkt der Forschung stehen.

Als Beispiel der Anwendung in der Meßtechnik sei der *Temperaturaufnehmer* mit dem vereinfachten Frequenzgang (System mit Verzögerung 1. Ordnung und Ausgleich)

$$G_{\mathrm{real}}(j\,\omega) = \frac{c}{1 + j\,\omega\,T_1} \tag{22a}$$

betrachtet [25]. Hierbei ist $T_1$ die Zeitkonstante [2; 25]

$$T_1 = \frac{c\,\gamma\,V}{\alpha\,A} \tag{22b}$$

($c$ = spezifische Wärme, $\gamma$ = spezifische Masse, $V$ = Volumen, $\alpha$ = Wärmeübergangszahl und $A$ = Oberfläche).

In diesem Fall wird zur Korrektur ein PD-System mit dem Frequenzgang

$$G_k(j\,\omega) = a\,\frac{1 + T_1 p}{1 + T_k p} \tag{23a}$$

verwendet, dessen Realisierung z. B. als elektrische Schaltung in Abb. 13 gezeigt ist [2]:

$$a = \frac{R_2}{R_1 + R_2}\,, \qquad T_1 = C\,R_1\,, \qquad T_k = a\,T_1 \tag{23b}$$

Die Abbildungen 14 und 15 zeigen die experimentell ermittelten Übergangsfunktionen für ein derartiges System ohne (Abb. 14) bzw. mit

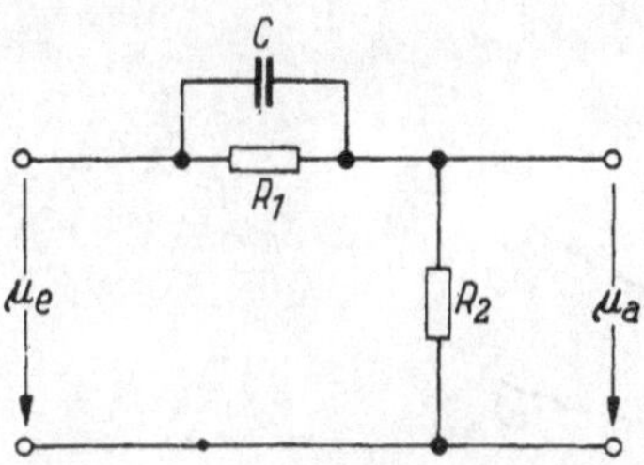


Abb. 13. Elektrisches Korrekturnetzwerk mit PD-Verhalten

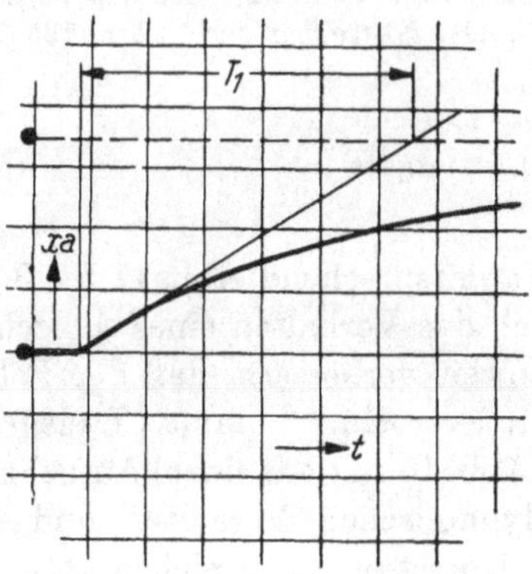


Abb. 14

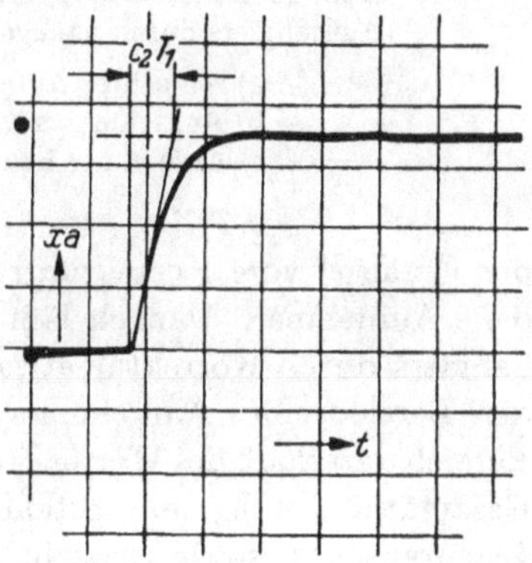


Abb. 15

Abb. 14. Übergangsfunktion des unkorrigierten Temperaturaufnehmers [25]

Abb. 15. Übergangsfunktion des um den Faktor $a = 10$ korrigierten Temperaturaufnehmers mit dem gleichen Zeitmaßstab wie bei Abb. 14 [25]

Korrektur um den Faktor $a = 10$ (Abb. 15). Man erkennt einerseits das durch die Korrektur wesentlich verbesserte dynamische Verhalten, andererseits aber auch bei Abb. 15 bereits die Zunahme des Rauschens.

Mit den Methoden der Berechnung des mittleren quadratischen Fehlers läßt sich die Frage beantworten, inwieweit die *Qualität eines Aufnehmers* überhaupt noch eine Rolle spielt, da man das Verhalten durch *nachgeschaltete Korrektursysteme* verbessern kann – z. B. realisiert durch eine entsprechende Programmierung ohnehin im Zuge der Meßwertverarbeitung vorhandener Rechner. Im Zusammenhang mit diesem auf dem letzten IFAC-Kongreß gestellten Problem [26] zeigt Abb. 16 die Abhängigkeit

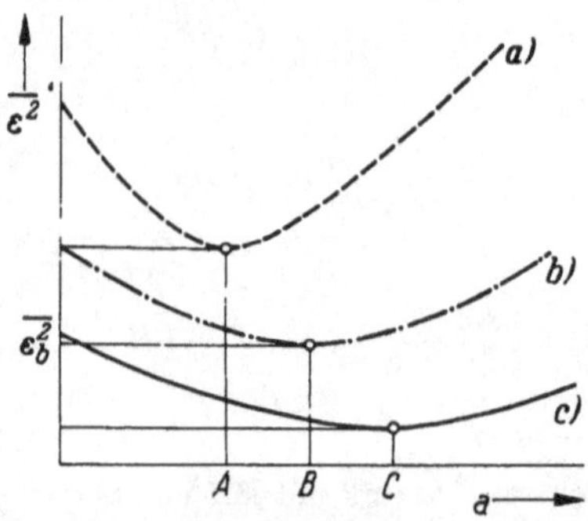


Abb. 16. Zur Beantwortung der Frage, inwieweit sich das Verhalten eines Aufnehmers durch nachgeschaltete Korrektur verbessern läßt [27]

– – – a) schlechter Aufnehmer
– – b) Aufnehmer mittlerer Güte
——— c) Aufnehmer hoher Gesamtgüte

der Fehler $\bar{\varepsilon}^2$ vom Korrekturgrad $a$ entsprechend Abb. 11 für 3 verschiedene Aufnehmer. Danach läßt sich das Verhalten eines schlechten Aufnehmers durch Korrektur etwa soweit verbessern, daß der Fehler $\bar{\varepsilon}^2$ in den Bereich eines Aufnehmers mittlerer Güte kommt. Dagegen ist der Bereich unterhalb des Wertes $\bar{\varepsilon}_b^2$ in Abb. 16 nur mit einem Aufnehmer hoher Gesamtgüte, d. h. mit gutem dynamischen Verhalten und geringem Eigenrauschen, sowie zusätzlicher Korrektur zu erreichen [27]. Die Güte des Aufnehmers bleibt also trotz der Möglichkeit der Korrektur im ohnehin vorhandenen Rechner entscheidend.

Für ein System mit Verzögerung 1. Ordnung und Ausgleich, d. h. mit einem Frequenzgang entsprechend der Gl. (22a), wurden der erreichbare Informationsfluß $\mathfrak{J}$ sowie dessen Maximalwert, die *Kanalkapazität* $C_t$, in Abhängigkeit vom Korrekturgrad berechnet und in den Abbildungen 17 und 18 dargestellt. Die Werte wurden auf die Kanalkapazität eines idealen Tiefpasses mit der Bandbreite $\omega_0 = 1/T_1$ bezogen [13]. Man erkennt, daß, entsprechend der Abb. 11, der erreichbare Informationsfluß $\mathfrak{J}$ für eine bestimmte Korrekturbandbreite einen maximalen Wert annimmt, der aber noch unterhalb der Kanalkapazität liegt. Durch eine

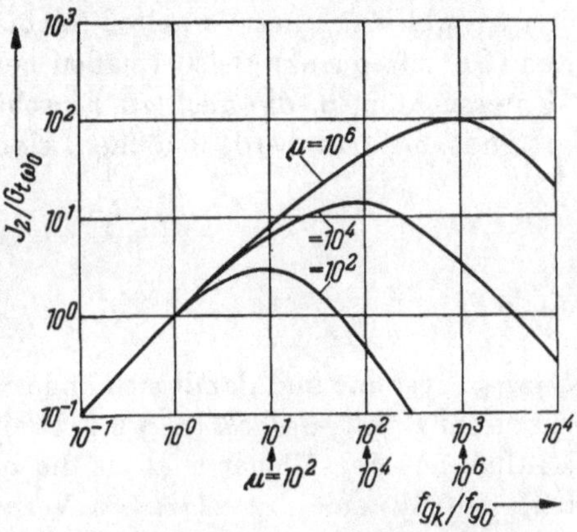


Abb. 17. Erreichbarer Informationsfluß $\mathfrak{J}$, auf die Kanalkapazität eines idealen Tiefpasses $C_{t\,\omega_0}$ der Bandbreite $\omega_0 = 1/T_1$ bezogen, in Abhängigkeit vom Korrekturgrad [13]

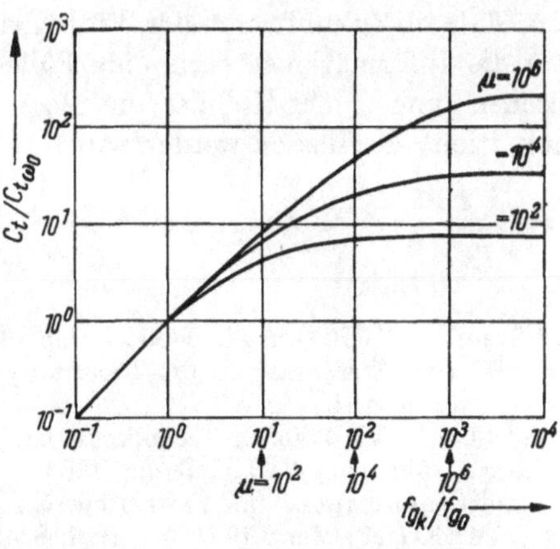


Abb. 18. Auf die Kanalkapazität eines idealen Tiefpasses der Bandbreite $\omega_0 = 1/T_1$ bezogene Kanalkapazität in Abhängigkeit vom Korrekturgrad [13]

Dekodierung mit Gedächtnis und bei optimaler Kodierung würde sich der Wert des Informationsflusses günstigenfalls bis zur Kanalkapazität steigern lassen [13].

Als letzte Anwendung sei darauf hingewiesen, daß man unter Benutzung des Kriteriums des *Informationsflusses* $\mathfrak{J}$ die Frage untersuchen kann, wo die günstigsten Einsatzgebiete analoger bzw. digitaler Meßverfahren liegen [28]. Hierzu eignet sich der Begriff des Informationsflusses deswegen besonders gut, weil er sowohl statisches Verhalten (Meßfehler) als auch dynamisches Verhalten (Grenzfrequenz) gleichermaßen berücksichtigt. Die Ergebnisse der Untersuchungen, die auch zu Einschätzungen des weiteren Entwicklungstrends benutzt werden können, sind in [28] zu finden.

## *4. Offene Probleme, Ausblick*

Die Einbeziehung *nichtlinearer* Systeme und damit sich ändernder Verteilungen sowie einer Dekodierung mit *Gedächtnis* wird zweifellos zu Systemen führen, die wesentlich leistungsfähiger sind als die bisher betrachteten. Das gleiche trifft auf Systeme mit *adaptivem* Verhalten zu. Anstelle der angegebenen Näherungsbetrachtungen über die Berechnung der Amplitudenstufenzahlen müssen hierbei die Beziehungen (19) angewendet werden, wobei damit auch Änderungen der Wahrscheinlichkeitsdichtefunktion durch die Systeme berücksichtigt werden können. Schließlich sei darauf hingewiesen, daß in Zukunft mit der Einbeziehung der *Semantik* und *Pragmatik* in die Informationstheorie eine Fülle weiterer Anwendungen im technischen und nicht-technischen Bereich (z. B. Mensch-Maschine-Kommunikation) erschlossen werden wird.

## *Literatur*

[1] LANGE, F. H., Signale und Systeme. VEB Verlag Technik, Berlin 1965.
[2] WOSCHNI, E.-G., Meßdynamik, eine Einführung in die Theorie dynamischer Messungen. S. Hirzel Verlag, Leipzig 1964.
[3] WUNSCH, G., Systemanalyse. Bd. 1. VEB Verlag Technik, Berlin, 1969.
[4] UNBEHAUEN, R., Systemtheorie. Akademie-Verlag, Berlin, 1969.
[5] WOSCHNI, E.-G., Anwendung der Informations- und Systemtheorie in der Meßtechnik. Übersichtsvortrag, IMEKO IV. Zmsr **10** (1967), H. 2, S. 455.
[6] FEY, P., Informationstheorie. Akademie-Verlag, Berlin, 1963.
[7] WOSCHNI, E.-G., Information und Automatisierung. Reihe Automatisierungstechnik. VEB Verlag Technik, Berlin, 1970.

[8] SHANNON, C. E., The mathematical Theory of Communication. The University of Illinois Press, Urbana, 1949.
[9] PESCHEL, M., Kybernetische Systeme. Reihe Automatisierungstechnik. VEB Verlag Technik, Berlin, 1970.
[10] VENTCELJ, J. S., Elementy dinamičeskogo programmirovanija (Elemente des dynamischen Programmierens). Nauka, Moskau, 1964.
[11] WOSCHNI, E.-G., Das Problem der Optimierung in informationstheoretischer Sicht und eine neue Art informationstheoretisch-optimaler Filter. Archiv der elektrischen Übertragung **20** (1966), H. 11, S. 599.
[12] SCHLITT, H., Systemtheorie regelloser Vorgänge. Springer-Verlag, Berlin/Göttingen/Heidelberg, 1960.
[13] WOSCHNI, E.-G., Vergleichende Untersuchungen über den Nachrichtenfluß in normalen nicht korrigierten Systemen, ideal korrigierten Systemen und Systemen mit Optimalfiltern. Archiv der elektrischen Übertragung **18** (1964), S. 725.
[14] WOSCHNI, E.-G., Der Rückrechenkalkül für Verzerrungen in linearen Systemen. Realisierung auf Rechnern und Optimierung. Bull. Math. Tome, Bucuresti, **12** (60) Nr. 1/1968, S. 147.
[15] LÖHN, K.; WEINERTH, H.; WOLTER, H., Zur Frage der Fehlerfortpflanzung und Sicherheit von elektronischen Analogrechnern zur Rückrechnung. Archiv der elektrischen Übertragung **15** (1961), S. 455.
[16] LANGE, F. H., Korrelationselektronik. VEB Verlag Technik, Berlin, 1959.
[17] KOLMOGOROFF, A. N., Interpolation und Extrapolation. Bull. d. Akad. d. Wiss. d. UdSSR, Ser. Math. **5** (1941).
[18] WOSCHNI, E.-G., Eine Näherungslösung des Problems der optimalen Bandbreite korrigierter Systeme (Optimalfilter) für relativ großes Nutz-Rausch-Verhältnis, die auch zur grafischen Behandlung sowie Lösung auf dem Digitalrechner geeignet ist. Erscheint in Zmsr. 1971.
[19] WOSCHNI, E.-G., Informationstheoretisch-optimale Filter. Kybernetika Cislo **4**, Rocnik 2/1966, S. 347. Prag.
[20] KRAUSS, M., Beitrag zur Theorie der Optimierung gestörter linearer Übertragungskanäle unter Berücksichtigung der optimalen Informationsübertragung. Diss., TH Karl-Marx-Stadt, 1967.
[21] WOSCHNI, E.-G., Informationstheoretische Untersuchungen über den Nachrichtenfluß bei Systemen mit Optimalfiltern und Ableitung eines verbesserten, informationstheoretisch begründeten Kriteriums für Optimalfilter. Regelungstechnik **13** (1965) H. 12, S. 585.
[22] KRAUSS, M.; WOSCHNI, E.-G.: Kennfunktionen, Güte und Optimierung von Meßinformationssystemen. Erscheint im VEB Verlag Technik, Berlin, 1971.
[23] SCHMIDT, G.: Parameterempfindlichkeit von Regelkreisen. Zmsr 7 (1964), H. 3, S. 101.
[24] WOSCHNI, E.-G.: Parameterempfindlichkeit in der Meßtechnik, dargestellt an einigen typischen Beispielen. Zmsr **10** (1967), H. 4, S. 124.
[25] WOSCHNI, E.-G.: Möglichkeiten zur Verkleinerung der Zeitkonstanten von Temperaturmeßwandlern durch Korrekturnetzwerke. Vortrag ACHEMA 1961, erschienen in Bd. 43 der DECHEMA-Monographien, Verlag Chemie, Weinheim/Bergstraße.

[26] WILLIAMS, TH. J.: Interface Requirements, Transducers and Computers for On-Line-Systems. Survey paper 23, IV. IFAC-Kongreß 1969 Warschau.

[27] WOSCHNI, E.-G.: Inwieweit spielt die Qualität eines Meßgrößenaufnehmers beim Einsatz von On-Line-Rechnern noch eine Rolle? Zmsr 12 (1969), H. 10, S. 384.

[28] WOSCHNI, E.-G., Informationstheoretische Analyse der Genauigkeit analoger und digitaler Meßverfahren. Eröffnungsvortrag zum V. IMEKO-Kongreß Paris, 1970. Zmsr **13** (1970), H. 10, S. 380.

Franz-Heinrich Lange

# Informationsanalyse stochastischer Prozesse

## *1. Einleitung: Begriff und Aufgaben der Informations-Analyse auf der Basis der Signaltheorie*

Die Informationsanalyse gehört als Teilgebiet zur Informations-Kybernetik. Die *Informations-Kybernetik* umfaßt alle Fragen der Kybernetik, die sich mit dem Informationsaspekt befassen. Dies bedeutet für die Kybernetik eine bewußte Einschränkung; denn man hat an sich stets drei verschiedene Aspekte zu beachten:

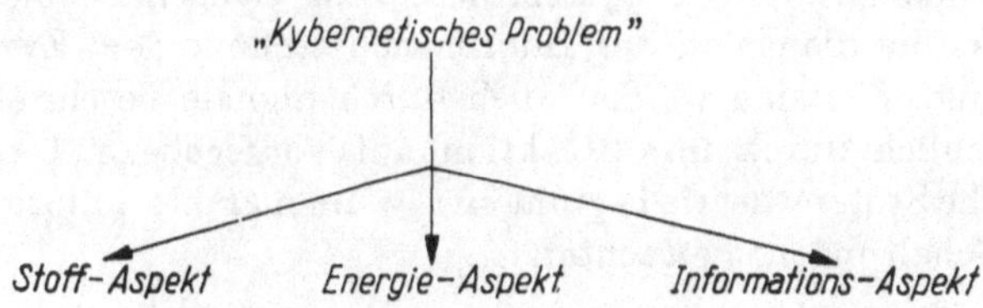


Abb. 1. Problem-Aspekte der Kybernetik

Diese drei Aspekte treten bei technischen Vorgängen stets in Verflechtung auf. So ist z. B. in der chemischen Technologie der Stoff- und der Energie-Aspekt oder in der Regelungstechnik der Energie- und der Informations-Aspekt gemeinsam zu betrachten. Denn es verläuft im letzteren Falle ein Regelungsvorgang günstiger, wenn ein höherer Energieaufwand am Stellort getrieben wird. Dies hat zur Folge, daß technische Systemlösungen oft anders aussehen als theoretische, die nur unter der Berücksichtigung eines einzigen Aspektes gewonnen werden. Trotzdem erweist es sich oft als zweckmäßig, zunächst jeweils nur einen Aspekt eines kybernetischen Prozesses zu betrachten, weil dann gewisse Zielstellungen und Grenzen klarer erkannt werden können. In diesem Sinne will die Informationskybernetik durch eine Informationsanalyse gewisse, allgemein gültige Aussagen liefern.

Aus der Fülle der Probleme der Informationskybernetik soll hier nur die *Informationsanalyse auf der Basis der Signaltheorie* dargestellt werden. Es zeigen sich interessante Entwicklungstendenzen, die Schlußfolgerungen für die Wissenschaftsprognose der Kybernetik zulassen.

Wir beschränken uns hierbei auf kleine technische Teilsysteme im Sinne der Nachrichten-Meß- und Regelungstechnik. Es gibt daneben noch die großen Systeme (large scale systems), deren Theorie auch auf volkswirtschaftliche, ökonomische Systeme übertragbar ist und die z. T. mit deren Methoden bearbeitet werden können.

Die Informationskybernetik untersucht mit Hilfe der Informationsanalyse sogenannte Informationsprozesse. Die Realisierung eines Informationsprozesses wollen wir als „Signal" bezeichnen. Das Signal dient als Träger der Information oder des Informationsflusses. Die Signaltheorie hat für die Kybernetik in den letzten beiden Jahrzehnten erheblich an Bedeutung gewonnen. Ohne Kenntnis der *Signaltheorie* läßt sich die Informationskybernetik in ihrer heutigen Entwicklungstendenz kaum verstehen. Sie ist damit auch ein Prognose-Instrument der Kybernetik.

Die Signaltheorie berührt auch viele Fragen der Systemtheorie. So sagte M. PESCHEL unlängst: „Jede Systemtheorie ist eigentlich eine Signaltheorie" Systeme dienen in der Informationstechnik dem Zwecke der Signalwandlung. Systeme werden auch durch Signale beschrieben und gemessen, nämlich durch ihre Reaktion auf vorgegebene Testsignale. Eine eigentliche Systemtheorie beginnt erst, wenn man bestimmte System-Strukturen (Schaltungen) betrachtet.

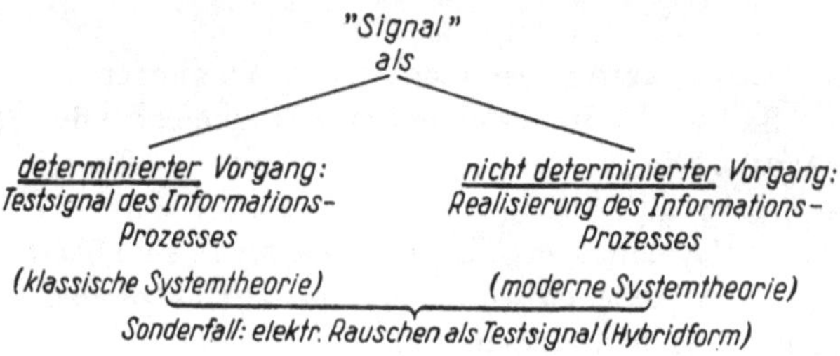


Abb. 2. Einteilung der Signale

Gemäß Abb. 2 unterscheidet man *determinierte* und *nicht determinierte Signale*. Die ersteren spielen die Rolle von Testsignalen, während die zweitgenannten die eigentlichen Informations-Prozesse darstellen. Jeder Informationsprozeß ist von Natur aus nicht determiniert. Ein Sonderfall ist allerdings die Hybridform des Rauschens, das an sich nicht determiniert ist, aber das auch als Testsignal benutzt wird, z. B. zur Messung der KT°-Zahl eines Empfängers.

Man versteht unter einem nicht determinierten Vorgang oder einem *stochastischen Prozeß* einen Vorgang, über dessen zukünftigen Ablauf keine exakten Angaben gemacht werden können. Somit ist die Flugbahn der Mondsonde kein stochastischer Prozeß, da sie auf Tage im Ablauf vorausberechnet werden kann. Sie wird aber zu einem stochastischen Prozeß, wenn starke, unvorhergesehene Störungen auf sie einwirken, die diese Berechnungen unmöglich machen.

Wir wollen hier einige Entwicklungstendenzen der Theorie der stochastischen Prozesse vom Standpunkt der Signaltheorie aus betrachten. Wir werden sehen, daß die von der Informationstechnik gestellten Aufgaben Umfang und Aussagen der Theorie beeinflußt haben. Jede Theorie hat einen bestimmten Anwendungszweck.

Die Signaltheorie – und damit auch die Informationsanalyse – erlebte mehrere Entwicklungsetappen. Früher in der klassischen Nachrichtentechnik trat der Signalaspekt völlig in den Hintergrund, da man nur die harmonischen Schwingungen betrachtete. Diese bevorzugt man in der Meßtechnik auch bis heute fast ausschließlich. Dies hat seinen guten Grund: die harmonischen Schwingungen verändern beim Durchtritt durch lineare Systeme nicht ihre Signalform, und es lassen sich die Veränderungen von Signalen durch nichtlineare Systeme an Hand von harmonischen Schwingungen gut studieren. Außerdem lassen sich auch stochastische Prozesse auf der Basis der FOURIERtransformation auf kontinuierliche Spektren harmonischer Schwingungen zurückführen. So stammt der heute viel verwendete Begriff des Amplitudenganges und des Phasenganges eines linearen kybernetischen Systems aus der Nachrichtentechnik. Bei Durchtritt harmonischer Schwingungen durch nichtlineare, d. h. amplitudenabhängige Systeme treten neue Frequenzen auf, ein Effekt, der zur Signalwandlung ausgenutzt wird, z. B. zur Frequenzvervielfachung oder (bei Doppelaussteuerung) zur Mischung oder zur Amplitudenmodulation.

Viele fest eingeführte Kenngrößen beruhen auf der Theorie der harmonischen Schwingungen, z. B. der Klirrfaktor. Erst in jüngster Zeit ist es z. B. gelungen, für den Klirrfaktor eine Verallgemeinerung für stochastische Prozesse zu finden. Hier bildet die sogenannte Verlustfunktion das Verzerrungsmaß!

Durch den Übergang von den determinierten Vorgängen zu den nicht determinierten Vorgängen entstanden neue Kenngrößen zur Beschreibung der statistischen Eigenschaften von Informationsprozessen. Für die 1. und die 2. Entwicklungsetappe der Informationsanalyse werden einige dieser statistischen Kenngrößen folgendermaßen angegeben:

I. Etappe: Wahrscheinlichkeitsverteilung
1. Ordnung, Momente (Streuung, Korrelationsfaktor)
Charakter.-Funktion (**GAUSSprozesse**)

II. Etappe: Leistungs-Spektrum und Korrelationsfunktion (**Breitband-Signale**)
Informationsgehalt, Informations-Entropie
Informationsfluß, Kanalkapazität
(**Binärsignalgruppen**)

In der ersten Etappe der Entwicklung der Informationskybernetik, die etwa bis zum Jahre 1930 – freilich nicht unter dieser Bezeichnung – andauerte, übernahm man die Begriffe der Theorie der Zufallsgrößen, also der Wahrscheinlichkeitstheorie. Man benötigt diese Begriffe noch heute. Derartige Kenngrößen sind *statistische* Mittelwerte. Sie gelten nur für das Ensemble und haben für den Einzelfall der Prozeßrealisierung nur den Charakter einer Wahrscheinlichkeitsaussage. Man spricht von *stationären* Vorgängen, wenn die statistischen Prozeßkenngrößen zeitinvariant sind. Ferner spricht man von sogenannten *ergodischen* Vorgängen, wenn man die statistischen Kenngrößen durch zeitliche Mittelwertbildung der Prozeßrealisierung gewinnen kann. Meßtechnisch wird von dieser Annahme stets stillschweigend Gebrauch gemacht. Trifft sie nur in einem begrenzten Zeitraum zu, dann spricht man von Kurzzeitmittelwerten.

Aus der ersten Etappe der Entwicklung der Informationskybernetik stammt auch das heute unentbehrliche Modell des normalverteilten Prozesses, auch GAUSSprozeß genannt. Er ist allein durch die Gleichkomponente und durch die Varianz $\sigma^2$ im eindimensionalen Fall eindeutig definiert.

Während der zweiten Entwicklungsetappe der Informationsanalyse erfolgte die Einführung neuer Kennfunktionen: Autokorrelationsfunktion und Leistungsspektrum. Dies führte zur technischen Anwendung von Breitbandsignalen, auf die wir nachfolgend noch zurückkommen werden. Hierbei ging man auf die Benutzung der Wahrscheinlichkeitsverteilung 2. Ordnung über.

Zeitlich später, aber in der Aussage enger begrenzt, entstand die *Informationstheorie*, die ebenfalls die Wahrscheinlichkeitsverteilung 1. und 2. Ordnung zum Aufbau von Kenngrößen benutzt. Zu Unrecht wird die Informationstheorie gelegentlich als die einzige Grundlage der Informationskybernetik oder der Informationsanalyse angesehen und die Forderung nach einer Erweiterung der Informationstheorie gestellt. Obwohl diese Forderung richtig und praxisnah ist, sollte man dabei nicht übersehen, daß die Informationsanalyse nur zum kleinen Teil auf der Informationstheorie beruht. Es ist der Zweck der nachfolgenden Ausführungen, diese Frage näher zu beleuchten.

## 2. *Aufgabe der Informationstheorie: Optimierung der Informationsübertragung*

Es sollen hier die Aussagen und die *Grenzen* der Informationstheorie kurz erläutert werden, wobei die Theorie selbst als an sich bekannt vorausgesetzt wird.

Um den Anwendungsbereich einzugrenzen, betrachten wir nach Abb. 3 das Schema einer *Informationskette.*

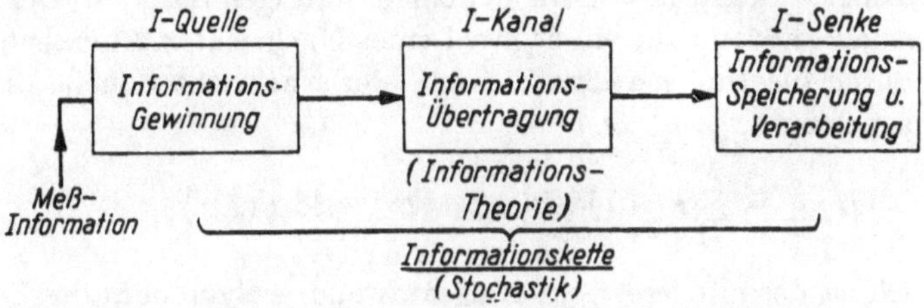


Abb. 3. Aufgaben der Informations-Kybernetik

Viele Aufgaben der Informationskybernetik lassen sich einem der drei Komplexe einer Informationskette zuordnen: die Informationserfassung (Informationsgewinnung), die Informationsübertragung und die Informationsverarbeitung. Es handelt sich um den Informationsfluß von einer Informationsquelle über einen Informationskanal zu einer Informationssenke. Das Schema wurde von SHANNON selbst eingeführt und erleichtert sehr die Modellierung von Informationsprozessen. Es gibt in der Nachrichtentechnik, Meßtechnik, Regelungstechnik, Biokybernetik und Ökonomie viele Beispiele für derartige Informationsketten. Rundfunk und Fernsehen sind Beispiele aus dem Alltag. Man kann die Anwendung neuer physikalischer Hilfsmittel, wie z. B. der Optoelektronik, auch recht anschaulich an Hand eines solchen „Informationssystems" (Inform. Kette) diskutieren, um Anwendungsbereich und Zielstellung neuer Methoden abzustecken.

Abb. 3 zeigt, für welchen Teil die Informationstheorie zuständig ist: für die Informationsübertragung über den Informationskanal.

Die folgende Aufstellung zeigt, zu welchen Fragen die Informationstheorie Aussagen liefert:

(1) Welchen Informationsgehalt (in bit) hat das Symbol einer Nachrichtenquelle?
(2) Welcher Kodierungsaufwand (in bit) ist für die Übertragung des Symbols erforderlich?
(3) Wie kann die Kodierungsredundanz zur Erhöhung der Störfestigkeit benutzt werden?

Diese Aussagen genügen, um den *Kodierungsaufwand* für eine Informationsübertragung festzulegen. Zugleich fand SHANNON im Kodierungsaufwand ein Maß des Informationsgehaltes einer Nachricht. Die in bit gemessene Maßzahl bewertet ein Ereignis umso höher, je seltener es auftritt; denn wenn ein Symbol selten auftritt, kann man sich dafür einen größeren Kodierungsaufwand leisten als bei einem häufigen Symbol. Der mittlere Kodierungsaufwand für ein Symbol eines Nachrichten-Alphabets (in bit) wird durch die Informations-Entropie der Nachrichtenquelle dargestellt und berechnet:

$$H = -\sum_{i=1}^{N} P(A_i) \operatorname{ld} P(A_i) = E\{-\operatorname{ld} P(A_i)\}$$

Zugleich ist der mittlere Kodierungsaufwand je Symbol in der SHANNONschen Theorie auch als Maß für den mittleren Informationsinhalt eines Symbols einer Nachrichtenquelle gewählt worden. Solch ein Seltenheitsmaß $(\operatorname{ld}(1/P(A_i))$ als Informationsgehalt eines Symbols zu wählen, ist recht plausibel. Aber es gibt viele Informationsprozesse, wo man Ereignisse gleicher Wahrscheinlichkeit ganz verschieden bewerten muß. Für eine Nachrichtenübertragung per Draht oder Funk interessiert aber der Inhalt der Nachrichten (ihre Semantik) überhaupt nicht, sofern man nur an den notwendigen optimalen technischen Aufwand der Übertragung (an die Minimalisierung der Übertragungskosten) denkt.

Man darf sich also nicht wundern, daß die SHANNONsche Informationsbewertung für manche Anwendungsfälle nicht paßt, für die sie auch gar nicht erdacht ist. So gibt es manche Versuche, in die Informationstheorie auch die *Semantik* einschließen zu wollen, vor allem aber von dem Wahrscheinlichkeitskonzept loszukommen. Wie dies zu erreichen ist und ob eine andere Definition allen Ansprüchen genügt, ist z. Z. nicht bekannt. Zweifellos ist ein derartiges Ziel schwer zu erreichen. Aber ein Schritt ist auf jeden Fall möglich: die Informationstheorie (im erweiterten Sinne) auf Ereignisse auszudehnen, bei deren Realisierung eine „Amplitude“

auftritt. Hierbei soll der Wert der Amplitude mit berücksichtigt werden. Diese Forderung ist naheliegend. So bewertet ja z. B. die Informationstheorie die Nachricht über einen Lotteriegewinn nur nach der Wahrscheinlichkeit, mit der er auftritt, aber sie bewertet die doch sehr ausschlaggebende Höhe des Gewinns überhaupt nicht! Man vergesse nicht: der Informationsgehalt einer Nachricht (nach SHANNON) ist eine bestimmte Kenngröße, aber durchaus nicht die einzig mögliche Nachrichtenkenngröße, so wie auch jeder Gegenstand außer seinem für den Transport wichtigen Gewicht auch noch durch andere Kenngrößen wie z. B. den Preis gekennzeichnet ist. Es besteht bei einem Transportgewicht von 1 Kilo doch ein Unterschied, ob es sich um ein Kilo Blei oder Gold handelt. Dies merkt man sofort, wenn es beim Transport verloren geht. Ebenso gibt es bei der Nachrichtenübertragung sehr wichtige bit-Gruppen (z. B. Kontonummern) und unwichtige bit-Gruppen (redundante Textstellen). SHANNON selbst hat durch seine Theorie der störfesten Übertragung durch die Blockkodierung einen wesentlichen Beitrag zu diesem Problem gegeben, ohne seine grundlegenden Definitionen abändern zu müssen. Im Gegenteil, sie erwiesen sich gerade für das Problem der störfesten Übertragung als sehr geeignet.

SHANNON zeigte, daß jede Kodierungsredundanz (Mehraufwand für die Kodierung) zu einer Erhöhung der *Störfestigkeit* ausgenutzt werden kann. Besonders bemerkenswert war die Feststellung von SHANNON, daß jede begrenzte Kodierungsredundanz zu einer unbegrenzten Erhöhung der Störsicherheit (!) ausgenutzt werden kann, und zwar mit dem Mittel der Blockkodierung einer Symbolfolge. Allerdings, wie so oft bei rein theoretischen Überlegungen, stößt auch hier die technische Realisierung auf unüberwindbare Grenzen des technischen Aufwandes. Aber SHANNON regte seine Nachfolger zur Ausarbeitung sehr effektiver Kodierungsmethoden an, die heute bei der Meßwertübertragung von interplanetaren Meßsonden oder auch einfach in der Rechenelektronik als on-line-Kontrolle angewendet werden.

Trotzdem muß man sich bei der Frage der *Erweiterung* der Informationstheorie klar werden, welche *Grenzen* die Informationstheorie sich selbst gesetzt hat:

(1) Die Informations-Theorie vernachlässigt den Energie-Aspekt und bewertet nicht die Amplitudengröße.

(2) Die Amplitude ordnet das Elementar-Ereignis nur mengenmäßig ein.

(3) Die Informations-Theorie bewertet große und kleine Amplituden bei gleicher Wahrscheinlichkeit gleich!

Die Amplitude wird von der Theorie nur zur Quantisierung ausgenutzt, um den Mengenbegriff (Alphabet der Quelle) auch auf kontinuierliche Prozesse anwenden zu können.

Dies genügt in der Informationstheorie, um wichtige Fragen der Optimierung der Informationsübertragung und der Informationsspeicherung zu beantworten. Aber sie reicht nicht aus, um alle Fragen der Informationstechnik zu beantworten.

**Man kann zusammenfassend feststellen,** daß die Informationstheorie denjenigen Teil der Informationsanalyse umfaßt, bei dem die Theorie sich auf Kenngrößen beschränkt, die statistische Mittelwerte (= Erwartungswerte) von Wahrscheinlichkeitsfunktionen sind. Sie beschäftigt sich nur mit zufälligen Ereignissen und Ereignisfolgen und führt zufällige Größen und Prozesse auf solche zurück. Hierbei spielt neben der Wahrscheinlichkeitsverteilung 1. Ordnung auch die Wahrscheinlichkeitsverteilung 2. Ordnung — die Verbundwahrscheinlichkeit — eine große Rolle. Eine direkte Weiterentwicklung ergab sich in den letzten beiden Jahrzehnten durch die Übernahme der *Entscheidungstheorie* (WALD, NEUMANN u. a.) in die Informationskybernetik. Die Verbundwahrscheinlichkeit des Auftretens einer Folge von Signalwerten in Abhängigkeit von Signalparametern (Streuung, Korrelation) wird in der Entscheidungstheorie als sogenannte Glaubwürdigkeitsfunktion definiert und verwendet. Allerdings bleibt man an dieser Stelle nicht stehen, sondern benutzt diese Kenngröße einer Signalfolge zur Verknüpfung mit der Verlustfunktion (z. B. als mittlerer quadratischer Fehler der Amplitudenabschätzung). Damit erhält man Zahlenwerte für das mittlere Risiko einer Empfangs-Entscheidung.

Aus zwei Gründen verzichten wir mit diesem Hinweis auf weitere Interpretation, da erstens zwischen die Informationstheorie und die Entscheidungstheorie zwecks vollständiger Darstellung dieser Theorie pädagogisch die Theorie der Amplitudenbewertung einzubauen ist (s. u.), und da zweitens die Entscheidungstheorie mehr zur Informationsverarbeitung als zur Informationsanalyse gehört. Sie bleibt daher einem weiteren Übersichtsreferat inhaltlich vorbehalten.

Bei vielen Aufgaben der Informationstechnik muß man anstelle der zufälligen Ereignisse auf zufällige Größen und Prozesse übergehen, bei denen dem Ereignis nicht nur die Wahrscheinlichkeit als Maßzahl des Ereignistyps, sondern noch die Amplitude als Maßzahl der Realisierung zugeordnet ist. Hierbei macht man im Gegensatz zur Informationstheorie voll von dieser zusätzlichen Information Gebrauch, verwertet die Amplitude also nicht nur zur qualitativen Einordnung (nach Quantisierung als

Mengenelement innerhalb der Ereignismenge), sondern auch zur quantitativen Auswertung. Mit dieser Aufgabe beschäftigt sich die Stochastik als zweites theoretisches Teilgebiet der Informationstechnik.

## *3. Aufgaben der Informationstechnik und der Stochastik*

Auch wenn man den semantischen Aspekt einer Nachricht außer Betracht läßt, muß man feststellen, daß die Informationstheorie weder alle Optimierungsaufgaben der Informationstechnik löst noch sich mit allen Typen der Informationssysteme beschäftigt.

Wir stellten oben fest, daß die Informationstheorie sich mit der Optimierung der Informationsübertragung beschäftigt und daß sie als Informationssystem das Modell der Informationskette nach Abb. 3 untersucht, mit dem Informationsübertragungskanal als Zentrum der Betrachtungsweise.

Es gibt aber noch eine Reihe weiterer Optimierungsaufgaben und auch noch andere Modelle von Informationssystemen. Bei diesen spielt die Informationsübertragung keine oder nur eine nebensächliche Rolle.

Um die Betrachtungen nicht zu sehr zu komplizieren, begnügen wir uns mit dem Modell einer *Meßstrecke* als 2. Typ eines Informationssystems nach Abb. 4.

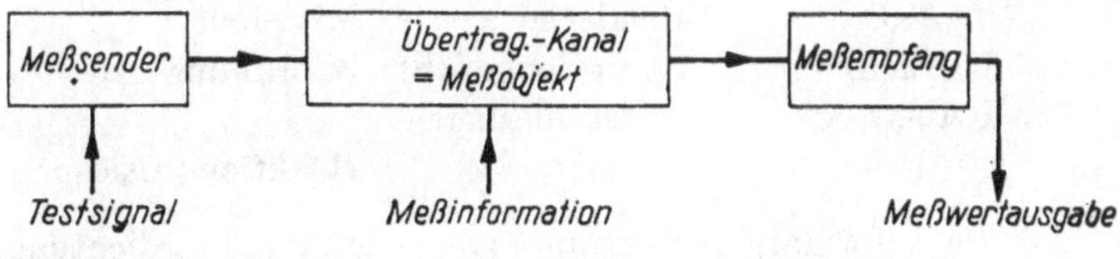


Abb. 4. Schema einer Meßstrecke

Der wesentliche Unterschied der Meßstrecke gegenüber einer Informationskette besteht darin, daß von der Sendeseite (im nachrichtentechnischen Sinne) keine Information, sondern nur ein informationsaufnahmefähiges Testsignal ausgeht. Die Meßinformation wird hier erst im Übertragungskanal (= Meßobjekt) gewonnen.

Gemeinsam ist beiden Informationssystemen — Informationskette und Meßstrecke — der Informationsempfänger, wo die Informationsanalyse und die Informationsverarbeitung vorgenommen wird.

Die hierzu erforderlichen theoretischen Grundlagen werden von der Signal- und Systemtheorie nicht determinierter Vorgänge angeboten, die wir hier unter der gemeinsamen Bezeichnung „Stochastik" zusammenfassend bezeichnen.

Als Teildisziplinen der Informationskybernetik ergeben sich:

Informationstheorie,
Systemtheorie } „Stochastik" bei Informations-Prozessen.
Signaltheorie }

In der Signal- und Systemtheorie wird die Amplitude als Information quantitativ ausgewertet, während sie in der Informationstheorie nur ein qualitatives Merkmal darstellt.

Aus der Amplitudenmessung ergeben sich zahlreiche neue Kenngrößen, die von der Informationstheorie nicht benötigt werden. Diese Kenngrößen erscheinen bei der Analyse von kontinuierlichen (analogen) Prozessen meist als Integrale, bei der Analyse von diskreten (quantisierten) Prozessen als Summen bei sonst gleicher Struktur, so daß wir auf den wichtigen Unterschied analoger und diskreter Prozesse hier nicht näher einzugehen brauchen.

Welche *Optimierungsprobleme in der Informationstechnik* auftreten, zeigt die folgende Aufstellung:

| | | |
|---|---|---|
| I-Übertragung | (störsicher): | Kodierung |
| I-Selektion | (verlustarm): | Filterung |
| I-Verdichtung | (redundanzmindernd): | Mittelung |
| I-Erkennung | (variationsreich): | Zuordnung |
| I-Ausgabe | (entscheidungssicher): | Reaktionsauslösung |

Es sind die Informationsübertragungs-, -selektion, -verdichtung, -erkennung, -ausgabe u. a., wozu auch die Informationsspeicherung gehört. Das in Klammern beigefügte Adjektiv soll grob die Zielrichtung kennzeichnen. Die Methoden zur Lösung dieser Aufgaben der Informationstechnik sind die Kodierung, Filterung, Mittelung, Zuordnung und Reaktionsauslösung, wobei wir bereits Teilprobleme der Informationsverarbeitung erfassen. Aber nur die erst genannte Aufgabe (I-Übertragung) beschäftigt die Informationstheorie!

Die folgende Aufstellung nennt Aufgaben der *Stochastik*:

(1) Berücksichtigung des Energie-Aspektes (Amplitudenbewertung)

(2) Erfassung aller Kenngrößen eines Informationsprozesses (Signalanalyse)

oder

(3) Wahl eines stochast. Prozesses mit geeigneten Kenngrößen (Signalsynthese)

Im Vordergrund steht hierbei der Energie-Aspekt (Amplituden-Bewertung) mit dem Ziel, möglichst viele Kenngrößen eines Informationsprozesses zu erfassen, sofern sie für die Lösung einer gestellten Aufgabe nützlich sind. Bei jeder Optimierungsaufgabe ist dies verschieden. Die Kenngrößenerfassung ist etwa gleichbedeutend mit der Signal-Analyse. Aber sie ist mit der Informations-Analyse nicht identisch.

Die Informationsanalyse benötigt, wie das Modell der Meßstrecke zeigt, auch die Signal-Synthese zur Informationserfassung im Meßobjekt.

| | Struktur | Eigenschaften |
|---|---|---|
| Signal-Analyse | gegeben | gesucht |
| Signal-Synthese | gesucht | gegeben |

Abb. 4a. Aufgaben der Signaltheorie

Abb. 4a dient dazu, den aus der Systemtheorie bekannten Unterschied zwischen der Analyse und der Synthese nochmals in Erinnerung zu bringen. Hier tritt er in der Signaltheorie auf und birgt prognostische Aspekte (Signaloptimierung) in sich, auf die wir noch näher eingehen werden.

Die Hauptaufgaben der Informationskybernetik vom Standpunkt der *Signalanalyse* sind folgende:

(1) Gewinnung aller wichtigen Prozeßkenngrößen (nach math. Modellierung), dabei speziell

(2) Trennung des Nutzsignals vom Störsignal (I-Selektion)

und

(3) Informationsverdichtung, d. h. Reduktion auf die entscheidenden Funktionale.

Man sucht möglichst viele Prozeßkenngrößen zu erfassen. Dazu muß man den Prozeß mathematisch modellieren. Da das Nutzsignal oft von überlagerten Störungen getrennt werden muß, tritt die Aufgabe der Informationsselektion hinzu. Man benötigt meist nur einen Teil des Informationsflusses. Es muß eine Informationsverdichtung in Form einer

Mittelwertbildung erfolgen. Dies bedeutet eine Reduktion auf die den Prozeßablauf entscheidenden Funktionale (Wirkungsgrad, Klirrfaktor, max. Störabstand). Wieder läßt sich die Informationsanalyse logisch kaum noch von der Informationsverarbeitung trennen. Die zur Informationserfassung im Meßobjekt benötigten Testsignale müssen optimiert werden. Dies bedeutet eine *Signalsynthese.* In der Informationstheorie begegnet uns das Problem der Signalsynthese gleichfalls, nämlich bei der Kodierung.

Wir haben bei der Synthese die Teilschritte

(1) Approximation durch ein mathematisches Modell und

(2) Realisierung durch eine Signal- oder Systemstruktur — das Auffinden der Schaltung —

zu unterscheiden.

Die Dualität Analyse und Synthese betrifft nicht nur die technischen Disziplinen, sondern auch andere Gebiete der Kybernetik.

So besteht der Unterschied zwischen der *Biokybernetik* als Analyse-Problem und der *Bionik* als Synthese-Problem:

Biokybernetik: Anwendung technischer System- und Signalmodellierung auf lebende Organismen (Analyse Aufgabe)

Bionik: Anwendung der Wirkungsprinzipien der lebenden Organismen in der Technik) (Synthese Aufgabe)

Tiefere Einblicke in die Prozeßstruktur erhält man durch die auf S. 26 angegebenen statistischen Kenngrößen nicht, die nur die Amplituden mit der Wahrscheinlichkeitsverteilungsfunktion 1. Ordnung verbinden: dazu gehört der lineare und der quadratische Mittelwert. Erst in Verbindung mit der Wahrscheinlichkeitsverteilung 2. Ordnung erhält man Ergebnisse, die eine Informationsanalyse sinnvoll erscheinen lassen. In diesem Falle handelt es sich um die gemischten Momente 2. Ordnung (Produktmittelwerte). Shannon leitete — ohne Amplitudenbewertung — die Entropiefunktionen ab (Informationsentropie, Transinformation, Äquivokation, Irrelevanz). Die Stochastik arbeitet dagegen mit einer *Amplituden*bewertung. Den Anfang bildete der seit langem bekannte Begriff des Korrelationsfaktors als Erwartungswert (Mittelwert) des gemischten Moments 2. Ordnung. Wie schon oben erwähnt, mißt man die statistischen Mittelwerte unter Annahme der Ergodizität mittels der zeitlichen Mittelwerte.

### 4. *Die Korrelationsanalyse als Hilfsmittel der Stochastik*

Die eigentliche Informationsanalyse entwickelte sich aber erst nach der Erweiterung des Korrelationsfaktors durch die Korrelationsfunktion in den zwanziger Jahren.

Die Definition der *Autokorrelationsfunktion* als Zeitmittelwert des Produktes zweier um den Wert $\tau$ zeitverschobener Funktionen $x(t)$ und $x(t - \tau)$ lautet:

$$\psi_{xx} = \overline{x(t)\, x(t - \tau)} = \text{Autokorrelationsfunktion,}$$

darstellbar als Zeit- oder Scharmittelwert;

$\tau$ = Zeitabstand der verglichenen momentanen Amplituden $x(t)$ und $x(t - \tau)$.

Ganz wesentlich war die gewonnene Erkenntnis von N. Wiener und Chintschin Anfang der dreißiger Jahre, daß die Autokorrelationsfunktion, die selbst die Erweiterung des Begriffes des Korrelationsfaktors ist, als Fouriertransformierte dem *Leistungsspektrum* zugeordnet ist und umgekehrt. Diesen Zusammenhang zeigt Abb. 5. Hier erkennt man, daß

| Zeitvorgang | | Spektrum | |
|---|---|---|---|
| Zeitfunktion | | Amplitudenspektrum | |
| $x(t)$ | $\overrightarrow{\mathfrak{F}}\!\!\overleftarrow{\ }$ | $X(f)$ | vollständige Darstellung des Vorganges |
| $\downarrow M$ | | $\downarrow M$ | |
| $\psi_{xx}(\tau)$ Autokorrelationsfunktion | $\overrightarrow{\mathfrak{F}}\!\!\overleftarrow{\ }$ | $S(f)$ Leistungsspektrum | vereinfachte Darstellung ohne Phasenbeziehungen |

$\mathfrak{F}$ = Fouriertransformation, $M$ = Mittelwertbildung

Abb. 5. Erkenntnisse der Signaltheorie

den Fouriertransformierten Zeitfunktion und Amplitudenspektrum als Kenngrößen des Vorganges mit vollständiger Information die Fouriertransformierten Autokorrelationsfunktion und Leistungsspektrum als Kenngrößen des Vorganges bei Wegfall der Phaseninformation entsprechen. Bei stochastischen Vorgängen existieren nur die letzteren Kenngrößen:

als Zeitmittelwerte

$$\psi_{xy}(\tau) = \overline{x y} = \lim_{T \to \infty} \frac{1}{2T} \int_{-T}^{+T} x(t)\, y(t-\tau)\, \mathrm{d}t\,,$$

als statistischer Mittelwert

$$\widetilde{x\,y} = \int_{-\infty}^{+\infty} \int_{-\infty}^{+\infty} x(t)\, y(t-\tau)\, p(x, y)\, \mathrm{d}x\, \mathrm{d}y = \int_{-\infty}^{+\infty} S(f)\, \mathrm{e}^{2\pi f \tau}\, \mathrm{d}f$$

Diese Gleichungen bringen in Erinnerung, daß die Kreuzkorrelationsfunktion eine dreifache Darstellung zuläßt, entweder als Zeitmittelwert oder als statistischer Mittelwert oder als FOURIERtransformierte des Kreuzspektrums. Somit bildet die Korrelationsanalyse die Brücke zwischen der zeitlichen, der statistischen und der spektralen Darstellung stochastischer Vorgänge. Sie gilt in dieser Form natürlich nur für ergodische Vorgänge.

Eine Frage, die häufig auftaucht, ist die nach der Autokorrelationsfunktion (AKF) von GAUSSprozessen. Hierauf nimmt Abb. 6 Bezug.

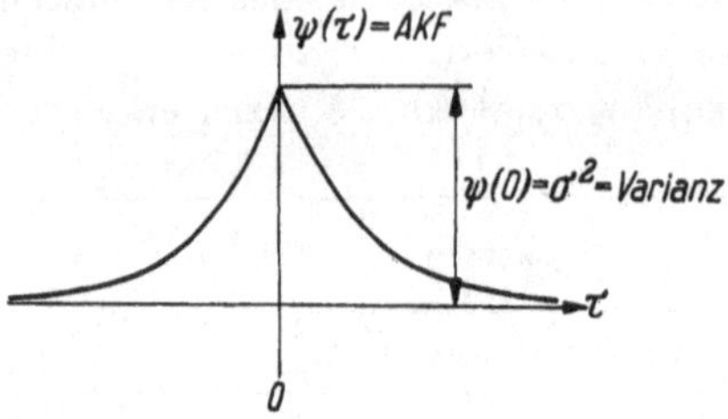


Abb. 6. Autokorrelationsfunktion eines GAUSSprozesses

Setzt man die Gleichstromkomponente gleich Null, was meist möglich ist, so hängt der Verlauf der Normalverteilung nur noch von der Streuung $\sigma$ ab ($\sigma^2$ entspricht der Wechselleistung). Durch den Wert $\sigma^2 = \psi(0)$ wird lediglich der Wert der AKF $\psi(\tau)$ bei $\tau = 0$ festgelegt. Im übrigen kann die AKF einen beliebigen Verlauf haben, mit der Ausnahme, daß $\psi(\infty) = 0$ ist und daß ferner die spektrale Leistungsdichte, d. h. die FOURIERtransformierte von $\psi(\tau)$, nicht negativ wird. Es gibt also unendlich viele GAUSSprozesse gleicher Normalverteilung (oder Streuung $\sigma$), jedoch verschiedenartiger spektraler Zusammensetzung. Auch erkennt man z. B., daß gewisse stochastische Prozesse nicht realisierbar sind, z. B. ein Prozeß, dessen AKF den Verlauf eines Rechteckimpulses (symm. zu

$\tau = 0$) hat. Die Fouriertransformierte wäre dann ein Leistungsspektrum von der Gestalt einer Spaltfunktion, die ja ins Negative überschwingt. Es gibt also keinen Vorgang, der in einem Bereich $0 < |\tau| < \tau_0$ voll korreliert ist und für $|\tau| > \tau_0$ überhaupt nicht. Die Korrelation (= der innere statistische Zusammenhang) muß also in bestimmter Weise ab $\tau = 0$ abnehmen. Dieses kleine Beispiel soll nur zeigen, daß die *Korrelationsanalyse* der Signalanalyse und der Signalsynthese wesentlich neue Aspekte gegeben hat. Man hat durch sie Einblicke in den Prozeßablauf erhalten, die die rein spektrale Betrachtungsweise bisher nicht vermittelte.

Ihre praktische Bedeutung kommt immer dann zum Ausdruck, wenn es gilt, Nutzsignale von Störsignalen im gleichen Frequenzbereich voneinander zu trennen. Diese Begriffsbildung wird in der Stochastik häufig herangezogen:

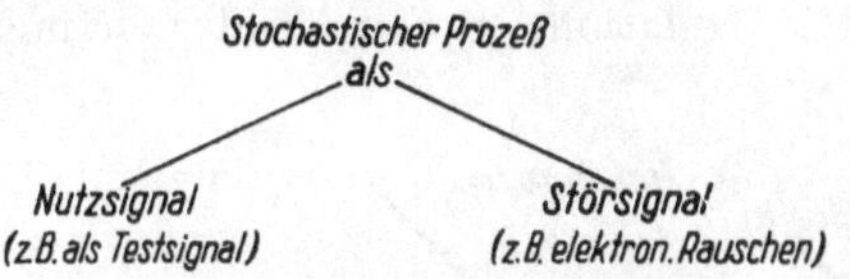


Abb. 7. 2 Aspekte der stochastischen Prozesse

Die Informationsanalyse ist an Hand des Problems, Nutzsignale im Rauschen zu entdecken, im Laufe von 2 Jahrzehnten zu großer Vollkommenheit entwickelt worden. Die sich heute anbietenden Anwendungsmöglichkeiten gehen weit über das ursprüngliche Problem hinaus, das aus der Früh-Warn-Radar-Technik stammt. Der hier vorliegende äußere Zwang, das gestellte Problem unter allen Umständen zu lösen, hat wesentlich dazu beigetragen, die Theorie bis in das letzte Detail durchzuarbeiten und praktisch realisierbare Lösungswege zu finden. Hierzu gehört der Korrelationsempfang, der sich längerer Zeit auch in der Meßtechnik einen festen Platz erobert hat.

Bekanntlich ist in der HF-Technik die quadratische Gleichrichtung die seit langem bewährte Methode der Demodulation bei kleinen Spannungen. Wenn aber die Störkomponenten, z. B. als elektronisches Rauschen, das Nutzsignal überdeckt, dann wird bei der Demodulation des modulierten HF-Signals der Störabstand verschlechtert. Dies zeigt die folgende Darstellung für den Fall der quadratischen Gleichrichtung:

$$\overline{[s(t) + r(t)]^2} = \underbrace{\overline{s(t)^2}}_{\substack{\text{Nutz-}\\ \text{leistung}}} + \underbrace{\overline{2\, s(t)\, r(t)}}_{\substack{\text{Korrelation}\\ \text{zwischen Signal}\\ \text{und Rauschen}}} + \underbrace{\overline{r(t)^2}}_{\substack{\text{reine}\\ \text{Rausch-}\\ \text{leistung}}}$$

Es entsteht eine quadratische Rauschkomponente, die bei kleinem Störabstand gegenüber der Nutzkomponente durch die quadratische Gleichrichtung relativ anwächst, also das Nutzsignal noch mehr überdeckt. Beim sogenannten Korrelationsempfang wird das Empfangssignal synchron gleichgerichtet, d. h. mit dem unverrauschten Nutzsignal (= Kontrollsignal) multipliziert und integriert. Dies entspricht der Bildung der *Kreuzkorrelationsfunktion*:

$$\overline{[s(t) + r(t)]\, s(t+\tau)} = \psi_{s\,s(\tau)} + \underbrace{\overline{s(t+\tau)\, r(t)}}$$

AKF des Nutzsignals = 0 bis auf das „Restrauschen"

Es entfällt dabei die quadratische Komponente der Rausch-Störspannung, und es verbleibt nur das Restrauschen, das mit wachsender Integrationszeit abnimmt.

Dies wird praktisch beim Korrelationsempfang in der Ortungstechnik angewendet.

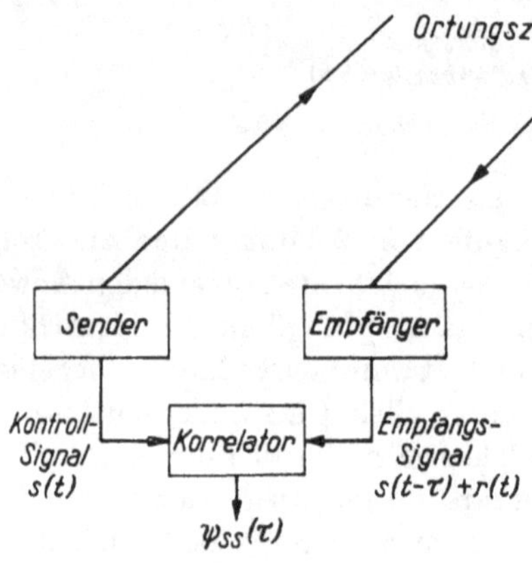


Abb. 8. Schema des Korrelationsempfangs

Inzwischen haben sich für die Korrelationsanalyse zahlreiche Anwendungen gefunden, die meßtechnischen Charakter haben und immer dann anzuwenden sind, wenn bei kleinem Meßpegel bzw. starkem Störpegel gemessen werden muß. Das sind vor allem folgende:

Ortungsempfang (Radar, Sonar, Radioastronomie),
Abstands- und Geschwindigkeitsmessung,
Materialprüfung,
Kernreaktortechnik,
Zeichenerkennung u. a.

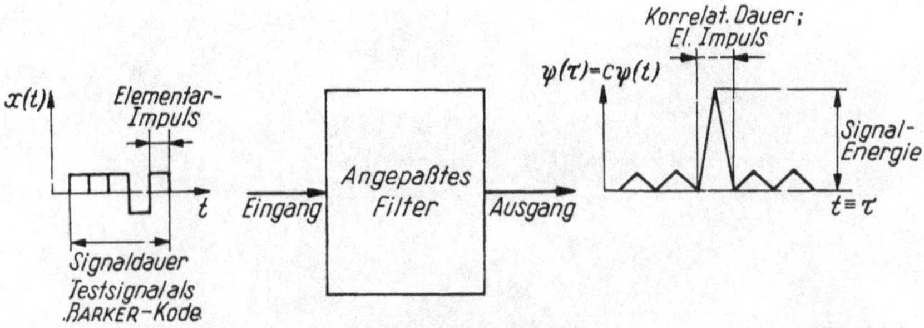


Abb. 9. Angepaßtes Filter als kybernetisches System

Man kommt auch ohne eine Kontrollsignal aus, wenn man ein sogenanntes *signalangepaßtes Filter* verwendet. Man kann zeigen, daß das angepaßte Filter als Ausgangssignal die Autokorrelationsfunktion des Nutzsignals im Zeitbereich liefert, wenn es auf dieses Nutzsignal angepaßt ist. Dies ist der Fall, wenn der komplexe Frequenzgang dieses linearen Filters konjugiert komplex zum Amplitudenspektrum des Signals ist. Abb. 9 stellt die Verhältnisse für ein binär kodiertes Signal im Prinzip dar. Es handelt sich hierbei um eine Weiterentwicklung der Impulstechnik. Man verwendet Impulse mit Feinstruktur (Breitbandsignale mit $TB \gg 1$), deren Autokorrelation ein scharf ausgeprägtes Maximum aufweist. Das angepaßte Filter bewirkt eine Signalkompression. Es kommt also hier auf die Auswahl des optimalen Testsignals an. Die Informationsanalyse führt hier auf das Problem der Signal-Synthese!

Abb. 10 zeigt die Wirkung eines angepaßten Filters auf ein Rechtecksignal. Entsprechend der AKF dieser Impulsform ist das Ausgangssignal dreieckförmig.

Abb. 11 zeigt das Oszillogramm eines Ortungsimpulses mit Feinstruktur (Barker-Kode). Das erreichte Maximum (der optimale Rauschabstand des Signals) am Ausgang repräsentiert die Signalenergie und läßt sich — bei konstanter Eingangsamplitude — durch eine Vergrößerung der Test-Signaldauer vergrößern. Dieses Mittel kostet bei der Ortung Zeitauflösung. Durch das angepaßte Filter bzw. durch die erzielte Signalkompression erhält man trotz einer großen Signaldauer eine gute Zeitauflösung auf der Ausgangsseite. Wenn es auf die Zeitauflösung nicht ankommt, dann bringt die Feinstruktur in Kombination mit dem angepaßten Filter keine Verbesserung des Rauschabstandes gegenüber dem homogenen Testimpuls.

Die Bedeutung einer optimalen Signalsynthese kam in der Radarimpulsortungstechnik dadurch zum Ausdruck, daß bei der Ortung von

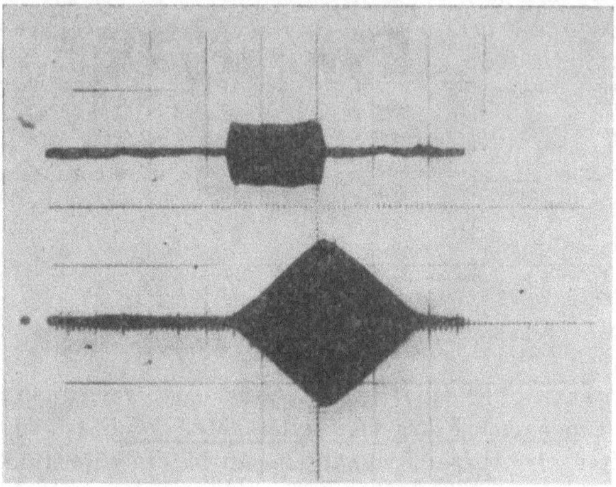

Abb. 10. Wirkung des angepaßten Filters auf einen homogenen Impuls (Oszillogramm)

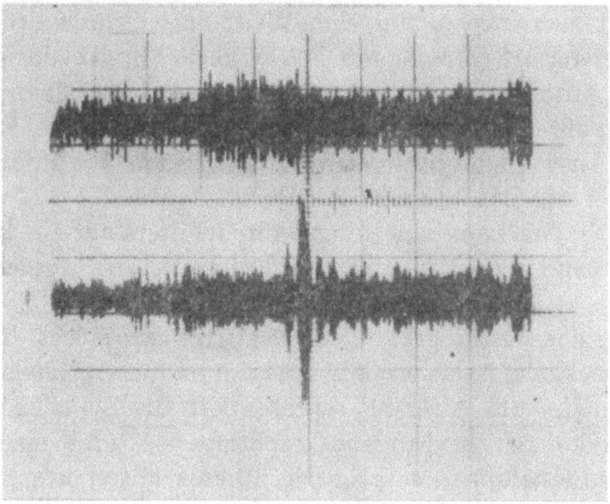

Abb. 11. Wirkung des angepaßten Filters auf einen BARKER-Kode-Impuls (Oszillogramm)

schnell fliegenden Zielen der DOPPLER*effekt* die Form der AKF verzerrt und die Signalkompression verdirbt. Diesen Effekt stellt Abb. 12 dar.

Es zeigt in dreidimensionaler Darstellung den Verlauf der AKF für verschiedene DOPPLERverschiebungen des Trägersignals. Es ist dies das

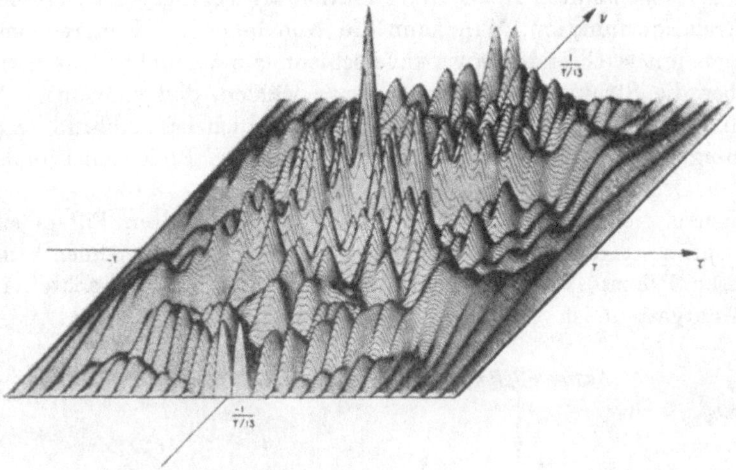

Abb. 12. Ambiguity-Funktion in dreidimensionaler Darstellung für einen BARKER-Kode ($n = 13$)

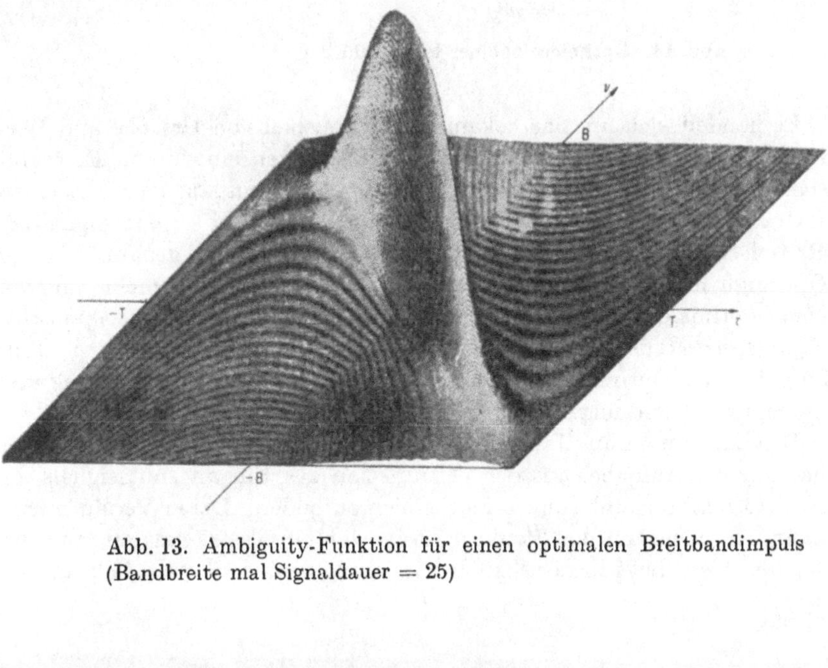


Abb. 13. Ambiguity-Funktion für einen optimalen Breitbandimpuls (Bandbreite mal Signaldauer = 25)

Gebirge der sogenannten *Ambiguity*-Funktion als Verallgemeinerung der Autokorrelationsfunktion. Man kann die Abnahme des Kompressionsmaximums mit wachsender DOPPLERverschiebung zwar nicht verhindern, wohl aber die Struktur des Testsignals so wählen, daß eine optimale Entfernungs- und Geschwindigkeitsmessung möglich ist. Abb. 13 zeigt das Ambiguity-Gebirge eines derartigen optimalen Breitband-Impulssignals als Ortungstestsignal.

Die Korrelationstechnik hat in Gestalt des angepaßten Filters ein System optimiert, das man als ein *kybernetisches System* bezeichnen kann und dessen Prinzip, von allgemeinerem Standpunkt aus betrachtet, in Abb. 14 dargestellt ist.

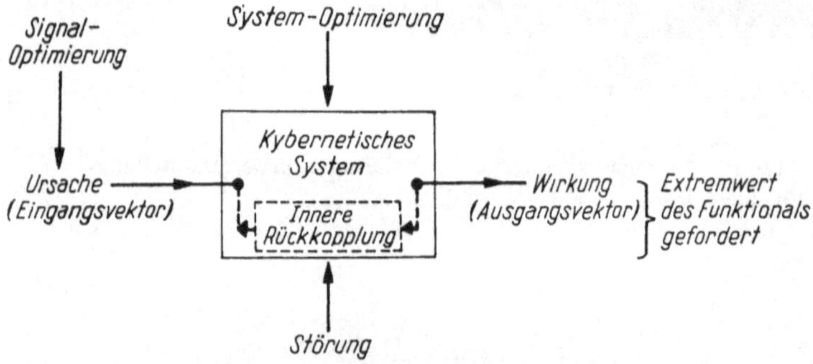


Abb. 14. Optimierung einer Problemlösung

Es handelt sich um das bekannte Wechselspiel von Ursache und Wirkung (black-box-Problem), wobei noch Störungen einwirken. Es ergibt sich eine Optimierung, wenn das Funktional des Ausgangs-Vektors einen Extremwert erreicht. Bei unserem spez. Beispiel ist es das Signal-zu-Rausch-Verhältnis, auch Rauschabstand des Nutzsignals genannt. Dieses Optimum hängt aber bei einem kybernetischem System nicht nur von einer optimalen Systemstruktur ab, sondern auch von der *optimalen Signalstruktur* der Eingangs-Seite. Damit haben wir hier zwei Teilaufgaben der Optimierung zu unterscheiden: die Systemoptimierung und die Signaloptimierung.

Dies kann man an Hand des angepaßten Filters erläutern: das Filter hat nur die Aufgabe, aus der Zeitfunktion des Eingangsnutzsignals die Autokorrelationsfunktion im Zeitbereich zu bilden. Deren Verlauf hängt dann nur noch von der Struktur des gewählten Testsignals ab, und das Kernproblem liegt in der Signaloptimierung (vgl. nochmals Abb. 12 und

13). Dies ist in der Technik selbstverständlich: so ist ein Rennwagen nur optimal, wenn er nicht nur einen optimalen Motor (= System), sondern auch einen optimalen Brennstoff (= Eingangsnutzsignal) erhält.

Hieraus erkennen wir einen weiteren Sinn und Zweck der Informationsanalyse: Signale (als Systemeinwirkungen) in bezug auf ihre optimale Struktur und Wirkung zu analysieren. Bisher standen in der Kybernetik nur die Fragen der Systemanalyse und Systemoptimierung im Vordergrund, weil man als Eingangssignale determinierte Signale, vor allem harmonische Schwingungen und Sprungfunktionen, bevorzugte. In den letzten Jahren haben Testsignale komplizierter Struktur unter der Sammelbezeichnung „pseudo-random-Signale" Eingang in verschiedene Gebiete der Meßtechnik gefunden. Sie stellen Signalklassen mit sehr flexiblen Eigenschaften dar und dienen verschiedenen Aufgaben der Informationstechnik: Informationserfassung, Informationsübertragung und Informationsverarbeitung. Es ergeben sich auch interessante Wechselbeziehungen zur Kodierungstheorie, die ihrerseits aus der Informationstheorie entstanden ist und speziell der störfesten Informationsübertragung dient.

Wir können zusammenfassend feststellen, daß die Korrelationsanalyse in der Informationstechnik die spektrale Betrachtungsweise ergänzt hat durch die Betrachtung zeitlicher und statistischer Strukturen von Signalen und Prozessen.

Neben einer interessanten Bereicherung der Theorie darf man keineswegs die praktische Bedeutung übersehen. Die Informationsanalyse spielt im Rahmen der Prozeßtechnik, speziell der Prozeßrechentechnik, eine führende Rolle und dient damit unmittelbar der Befriedigung von vorrangigen gesellschaftlichen Bedürfnissen. Wir wollen uns daher im letzten Abschnitt die derzeitigen Entwicklungstendenzen deutlicher kennzeichnen.

## 5. *Die Prozeßanalyse als Entwicklungstrend der Informations-Kybernetik*

Wir sahen oben, daß die korrelationsanalytischen Methoden bei der Weiterentwicklung der Radartechnik entstanden sind, um gewisse Signalparameter als informationshaltige Kenngrößen (für die Entfernungs- und Geschwindigkeitsmessung) zu erfassen, auch wenn das Nutzsignal von starkem Störrauschen im gleichen Frequenzbereich überdeckt ist. Derartige Methoden haben inzwischen in der Automatisierungstechnik an Bedeutung gewonnen, besonders in denjenigen Fällen, wo ein laufender Prozeß (on line) überwacht werden muß. Es muß nämlich dann ein möglichst niedriger Meßpegel gewählt werden. Derartige Probleme treten häufig bei der „*Prozeßanalyse*“ auf. Auch bei der Sprachumwandlung in optische Zeichen (visible speech), bei der Aufnahme von biologischen Reizkurven (Enzephalogramme, Kardiogramme), bei Messungen in schall- und erschütterungserfüllten Betriebsräumen begegnet man der Frage, wie man trotz überlagerten Störungen die gewünschten Meßgrößen hinreichend genau erfaßt. Die Informationstheorie zeigt die Möglichkeiten zur störfesten Informationsübertragung und die Korrelationsanalyse die Möglichkeiten zur Informationsselektion aus dem Störpegel heraus. Es bleiben dann noch weitere auf S. 32 genannte Aufgaben, die alle darauf abzielen, die erhaltenen Informationen zu verarbeiten, alle möglichen oder gewünschten Informationskenngrößen herauszuziehen und zu verwenden, z. B. zur Prozeßsteuerung.

Hierbei sind folgende Entwicklungstendenzen sichtbar:

a) Man versucht durch eine *Prozeßwandlung* des primären stochastischen Informationsprozesses in einen sekundären Prozeß neue Kenngrößen zu gewinnen. Dadurch erweitert man die Möglichkeiten der Signalanalyse. Man untersucht z. B. Nulldurchgangsverteilungen, Extremwert-Verteilungen u. a.:

α) Erweiterung der Signalanalyse (Nullstellen- und Extremwert-Verteilungen. Analyse von Phasenfluktuationen)

β) Erweiterung der Signalsynthese (Verwendung der WALSHfunktionen als Orthogonalsystem)

(α) und (β) bei Anwendung auf

stationäre u. nicht stationäre Prozesse.

Nach Abb. 15 gliedert sich das Gerät für die Prozeßanalyse in mehrere Teilsysteme, von denen das erste den Prozeß umwandelt. Hierbei wird eine Informationsverdichtung vorgenommen und auf gewisse Feinheiten des Prozeßverlaufes verzichtet. Dies illustriert als Beispiel die Abb. 16. Der stochastische Prozeß wird durch einen symmetrischen Begrenzer in

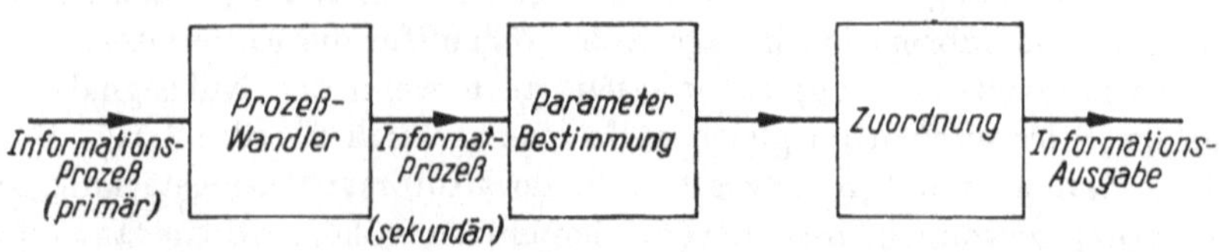


Abb. 15. Teilsysteme der Prozeßanalyse

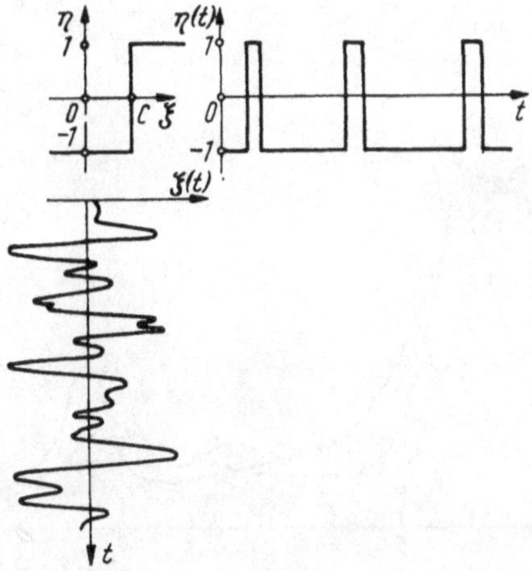

Abb. 16. Prozeßwandlung mittels eines Begrenzers

einer bestimmten Amplitudenhöhe in einen Binärprozeß umgewandelt. Dieser so erhaltene Sekundärprozeß enthält statistische Kenngrößen (Momente verschiedener Ordnung), die nicht mit denen des primären Prozesses übereinstimmen, also andere oder sogar neue Informationen ergeben. Mit gutem Erfolg untersuchte man z. B. die Häufigkeit des Überschreitens des Begrenzungsniveaus als variabler Parameter (in der sowjet. Literatur „Wybrossi" genannt).

b) Hier spiegelt sich die zweite Tendenz der weiteren Entwicklung der Prozeßanalyse wider, der schon bei der Korrelationsanalyse hervortrat: die Abkehr von der spektralen Betrachtungsweise. Der Begriff der Frequenz und ihrer Reziproken, der Periodendauer, ist im Sinne der Fourier-analyse nur für ein unendliches Zeitintervall definiert und selbst eine zeitinvariante Größe, auch wenn der Vorgang (als Impuls) nur eine kurze Zeit andauert. Der Begriff des Kurzzeitmittelwertes ist bei stark instationären Prozessen (Sprache, Geräusche) ein unbefriedigender Ausweg. Einen besseren Einblick in die Feinstruktur gewisser Prozesse gibt der *Nulldurchgangsabstand* als zufällige Variable. Er tritt an die Stelle der halben Periodendauer eines harmonischen Vorganges. Man kann die Wahrscheinlichkeitsverteilung 1. Ordnung dieser zufälligen Variablen messen.

Abb. 17 zeigt die Nulldurchgangsverteilung des Geräusches eines Dieselmotors nach Wolff in Abhängigkeit von Laständerungen. Es bilden sich beim Betrieb typische Maxima, die etwa den Formanten der Sprache

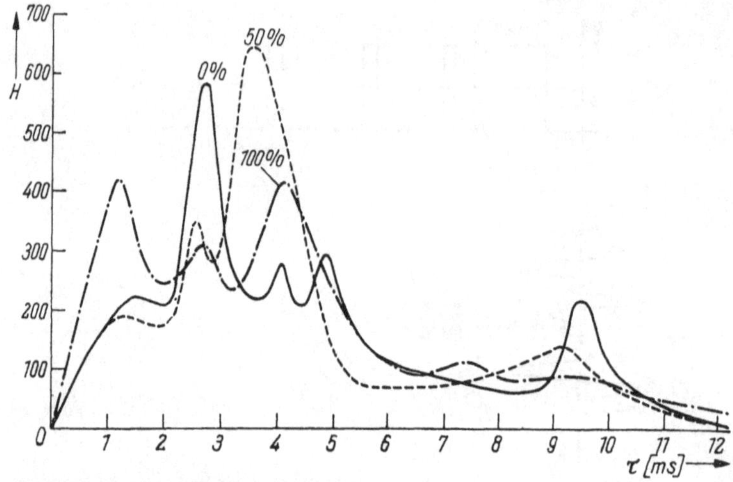


Abb. 17. Nulldurchgangsverteilung eines Dieselmotor-Geräusches (in Abhängigkeit von der Last)

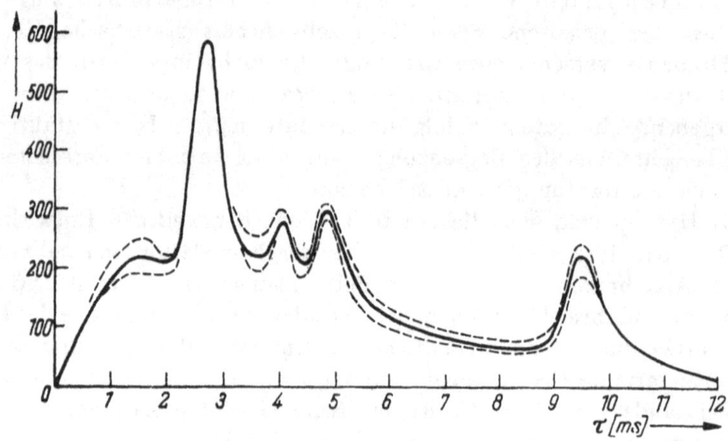


Abb. 18. Streuung der Meßwerte bei der Nulldurchgangsverteilung nach Abb. 17

entsprechen. Da als Abszisse der Nulldurchgangsabstand aufgetragen ist, liegen die tieferen Frequenzen nach rechts und die hohen drängen sich zum Nullpunkt zusammen.

Abb. 18 zeigt die geringe Streuung der Meßwerte bei diesen Untersuchungen. Der reziproke doppelte Nulldurchgangsabstand repräsentiert für einen stochastischen Prozeß die Momentanfrequenz, die in diesem

Falle eine diskrete stochastische Variable des Prozesses ist und sich diskontinuierlich ändert.

c) Die dritte Entwicklungstendenz ist der Übergang von den analogen zu den diskreten Prozessen, und zwar speziell zu den *Binärprozessen*. Der Vorteil ist aus der Puls-Kode-Modulations-Übertragungstechnik heraus sichtbar geworden und wird technologisch durch die Verwendung von integrierten Schaltkreisen der elektronischen Rechentechnik gefördert. Diese Tendenz ist auf allen Gebieten der Nachrichten- und Meßtechnik sichtbar geworden. Bei stochastischen Prozessen ist die Einführung eines Prozeßwandlers nach Abb. 16 dafür ein typisches Beispiel. Die Korrelationsanalyse ist erst durch derartige Maßnahmen in Raumaufwand und Gewicht mit anderen Betriebsmeßeinrichtungen wettbewerbsfähig geworden. So benutzt man beim Übergang zur Binärsignaltechnik die Definition der *Polaritäts-Korrelationsfunktion*:

$$\psi_{\text{pol.}}(\tau) = \frac{2}{\pi} \arcsin \psi(\tau)$$

mit

$$-\frac{\pi}{2} \leqq \arcsin \leqq +\frac{\pi}{2}$$

d. h.

$$-1 \leqq \psi_{\text{pol.}}(\tau) \leqq +1$$

Als Gerät wird der Polaritätskorrelator verwendet. Er verarbeitet den Prozeß erst nach vollständiger Amplitudenbegrenzung als Binärprozeß. Es handelt sich dabei nach Abb. 16 um eine Umwandlung der Nulldurchgänge in eine Pulsdauer-Modulation. Überraschenderweise gelang es Veltman und seinen Mitarbeitern auch, die vollständige Korrelationsfunktion mit Hilfe des Polaritäts-Korrelators zu messen. Er überlagerte zu diesem Zwecke die Nutzsignale mit Hilfssignalen konstanter Wahrscheinlichkeitsverteilung (z. B. Sägezahnschwingungen) und führte den Summenprozeß dem Begrenzer zu. Dabei tritt wieder eine Umwandlung in einen pulsdauermodulierten Binärprozeß auf, wobei die Impulsdauer jeweils der Momentanamplitude proportional ist. Dies zeigen die Abb. 19, 20, 21 schematisch.

Die beiden letztgenannten Entwicklungstendenzen, die Abkehr vom Frequenzbegriff und der Übergang zur Binärsignaltechnik, spiegelt sich auch in der Walsh*funktionsanalyse* wider, die von Harmuth, Pichler u. a. in die Übertragungstechnik eingeführt wurden. Die Walshfunktionen wurden 1923 vom Amerikaner Walsh als Orthogonalsystem er-

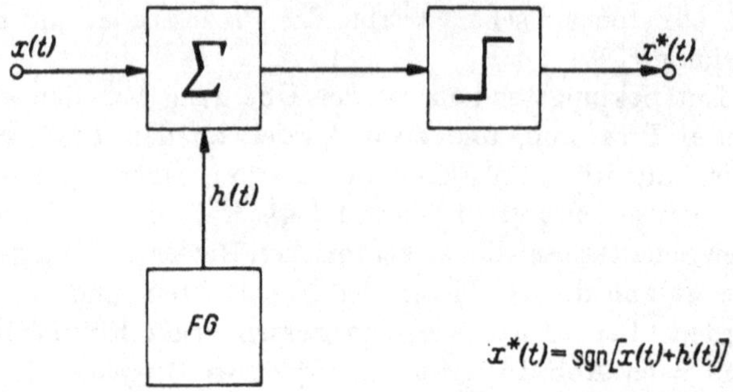


Abb. 19. Prinzip der Überlagerung mit einem Hilfssignal mit konstanter Amplitudendichte (FG: Funktionsgenerator)

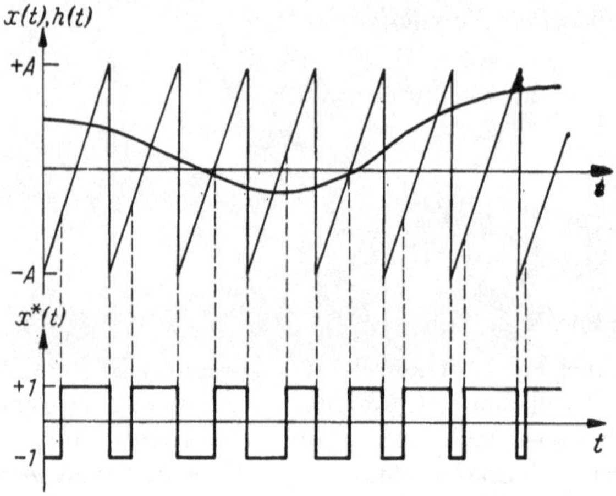


Abb. 20. Umwandlung in eine Pulsdauermodulation nach Abb. 19

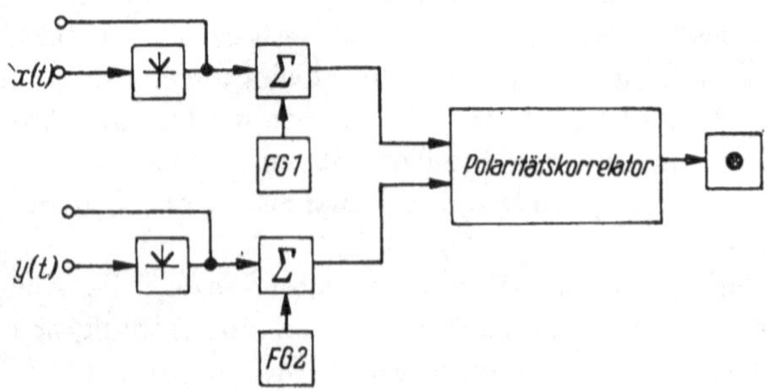


Abb. 21. Gewinnung der vollständigen Autokorrelationsfunktion mittels der Hilfssignale und des Polaritätskorrelators

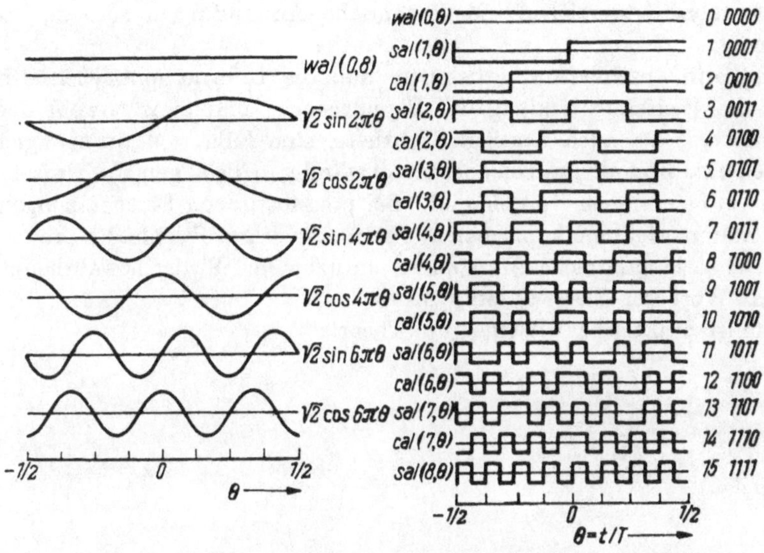


Abb. 22. Verlauf der WALSHfunktionen (als Orthogonal-System)

kannt, und zwar als vollständiges, im Gegensatz zu den mäanderförmigen RADEMACHERfunktionen, die ein unvollständiges Orthogonalsystem bilden.

Abb. 22 zeigt den Verlauf der WALSHfunktionen, die weitgehend den Cosinusfunktionen (hier Cal-Funktionen genannt) und den Sinusfunktionen (hier Sal-Funktionen genannt) entsprechen. Anstelle der Frequenz führte man hier die halbe Zahl der Nulldurchgänge ein, Sequenz genannt. Damit ergibt sich für die harmonischen Schwingungen und die WALSHfunktionen das gleiche Zahlenmaß. Die WALSHfunktionen sind für ein Grund-Zeitintervall vorgegeben, entsprechend der Periodendauer einer harmonischen Grundschwingung. Der Zeitverlauf ist rechteckförmig mit dem Übergang von $+1$ auf $-1$ und umgekehrt. Die WALSHfunktionen werden periodisch im ganzen Zeitintervall fortgesetzt. Man beachte, daß die Nulldurchgangsabstände innerhalb des Periodizitätsintervalls (Grundintervalls) nicht gleich distant aufeinander folgen. Der Vorteil liegt technologisch darin, daß integrierte RC-Schaltungen (ohne Induktivitäten) zur Erzeugung genügen, daß bei der Sequenzumsetzung keine doppelten Seitenbänder entstehen und die Schwingungen wegen der Orthogonalität leicht voneinander getrennt werden können. Die Mathematiker haben entsprechend den FOURIERtheoremen äquivalente WALSHtheoreme aufgestellt. Demnach kann man Sprachschwingungen einer

WALSHanalyse unterziehen. Meßtechnische Anwendungen sind zu erwarten.

Man kann abschließend feststellen, daß die Informationskybernetik durch die Weiterentwicklung der Signaltheorie, und zwar sowohl der Signalanalyse als auch der Signalsynthese, eine Fülle von Anregungen erhalten hat, die erst zum Teil oder unvollständig in die allgemeine Prozeßanalyse aufgenommen worden sind. Bei prognostischen Einschätzungen der Weiterentwicklung kann man aus dem derzeitigen Stande der praxisnahen Theorie zahlreiche Anregungen entnehmen. Wieder bewahrheitet sich das Wort von LUDWIG BOLTZMANN:
„Nichts ist praktischer als eine gute Theorie“

Karl Reinisch

# Hierarchische Systeme der automatischen Steuerung

## *Vorbemerkung*

Ziel vorliegender Arbeit ist es, eine Vielzahl bekannt gewordener Prinzipien bei der Realisierung technischer Steuerungssysteme unter besonderer Berücksichtigung komplizierter und großer Systeme (GS) nach einigen wichtig erscheinenden Gesichtspunkten zu ordnen, damit daraus für die Analyse bestehender und für die Synthese zu entwickelnder technischer und nichttechnischer Systeme Erfahrungen und Hinweise gewonnen werden können. Dabei sei nicht verschwiegen, daß bezüglich der Bezeichnungen und der Begriffsbestimmungen für die verschiedenen Systemklassen nicht selten unterschiedliche Auffassungen oder Gewohnheiten bestehen. Darauf soll jedoch in diesem Zusammenhang nicht besonders eingegangen werden.

## *1. Steuerungsaufgabe*

### 1.1. Steuerungsobjekt

Charakteristisch für die technische Kybernetik ist, daß ein *Objekt* (ein *Prozeß*) vorgegeben ist, in dem normalerweise keine Veränderungen mehr vorgenommen werden dürfen, das nur von außen beeinflußt werden soll. Hierzu dient eine *Steuerungseinrichtung*. Beide — Objekt und Einrichtung — bilden zusammen ein *automatisches System*, in dem der automatisierte Prozeß abläuft (realisiert ist).

Im Falle eines kontinuierlichen zu steuernden Prozesses kann das Verhalten des Objektes durch ein System (nichtlinearer) Differentialgleichungen, die *dynamischen Prozeßgleichungen*, beschrieben werden; bei häufig möglicher Approximation mit konzentrierten Parametern durch

$$\dot{\boldsymbol{q}}(t) = \boldsymbol{f}[\boldsymbol{q}(t), \boldsymbol{u}(t), \boldsymbol{z}'(t)] \,, \tag{1}$$

$$\boldsymbol{x}(t) = \boldsymbol{g}[\boldsymbol{q}(t)] \tag{2}$$

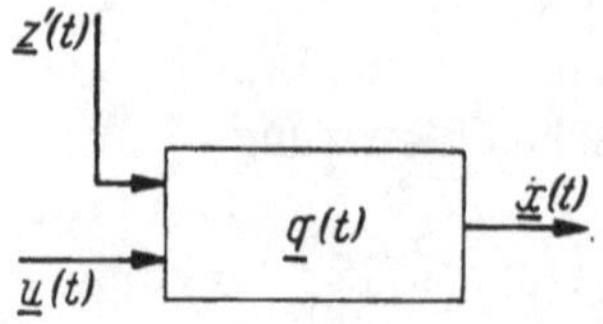


Abb. 1. Prozeßmodell

mit (s. Abb. 1*))

*Steuervektor* (gesteuerte Eingangsgrößen)

$$\boldsymbol{u}(t) = [u_1(t), \ldots, u_m(t)]^T \tag{a}$$

*Störvektor* (nichtgesteuerte, meßbare und nichtmeßbare Eingangsgrößen)

$$\boldsymbol{z}'(t) = [z_1'(t), \ldots, z_s'(t)]^T \tag{b}$$

*Zustandsvektor*

$$\boldsymbol{q}(t) = [q_1(t), \ldots, q_n(t)]^T \tag{3) (c}$$

*Ausgangsvektor* (Ausgangsgrößen des Objektes)

$$\boldsymbol{x}(t) = [x_1(t), \ldots, x_r(t)]^T \tag{d}$$

*Überführungsfunktionenvektor* (Entwicklungsfunktionen)

$$\boldsymbol{f} = [f_1, \ldots, f_n]^T \tag{e}$$

*Ausgabefunktionenvektor*

$$\boldsymbol{g} = [g_1, \ldots, g_r]^T \tag{f}$$

Der Zustandsvektor $\boldsymbol{q}(t)$ mit den Zustandsvariablen $q_1(t), \ldots, q_n(t)$ wurde hierbei eingeführt, um die Beziehung zwischen den Ausgangs- und Eingangssignalen eindeutig zu machen. Jede Menge von Variablen, die das leistet, ist hierfür geeignet. Insbesondere kommen stoffliche und energetische Speichergrößen in Betracht.

Im statischen Zustand ist $\dot{\boldsymbol{q}}(t) \equiv 0$. Läßt sich Gl. (1) dann nach $\boldsymbol{q}$ auflösen, so kann $\boldsymbol{q}$ in Gl. (2) eliminiert werden. Man erhält dann die *statische Prozeßgleichung*

$$\boldsymbol{x} = \boldsymbol{h}^*(\boldsymbol{u}, \boldsymbol{z}') \tag{4}$$

*) Die in den Abbildungen unterstrichenen Buchstaben sind im Text halbfett gedruckt und stellen Vektoren dar.

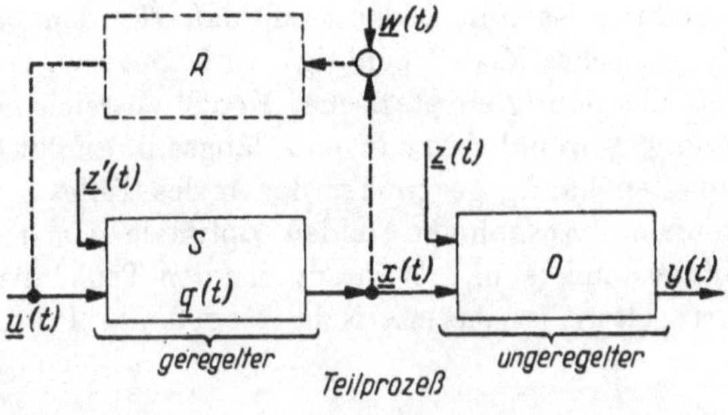


Abb. 2. Erweitertes Prozeßmodell

Im Falle der Optimierung industrieller Produktionsprozesse ist es günstig, von dem in Abb. 2 dargestellten erweiterten Grundmodell des zu steuernden Prozesses auszugehen [1]. Dabei ist berücksichtigt, daß ein solcher Prozeß meist aus einem geregelten Teil (den Regelstrecken $S$) und einem ungeregelten Prozeßteil 0 besteht. Die Steuergrößen $\boldsymbol{u}$ sind dabei die Stellgrößen (insbesondere Ventilstellungen) für die in den Prozeß eintretenden Stoff- und Energieströme. Die Größen $\boldsymbol{x}$ stellen im wesentlichen die Eingangsstoff- und -energieströme in den (und auch Ausgangsströme aus dem) Verarbeitungsraum und deren Integrale (Behälterstand) sowie die thermodynamischen Zustandsgrößen (Druck, Temperatur) im Verarbeitungs- (Reaktions-) Raum dar, die geregelt bzw. offen gesteuert werden. Die Ausgangsgrößen $\boldsymbol{y}$ werden von den Qualitäten (und evtl. Strömen) der Ausgangsprodukte gebildet. Die Störgrößen $\boldsymbol{z}'$ sind solche, die sich auf die Reglegrößen $\boldsymbol{x}$ auswirken und demzufolge durch die Regelungen dann weitgehend eliminiert werden. Dagegen werden die Auswirkungen der Störungen $\boldsymbol{z}$ nicht durch die Regelungen erfaßt. Sie verändern die Eigenschaften des Ausgangsproduktes $\boldsymbol{y}$ und demzufolge die Prozeßgüte. Für die zu ihrer Kompensation einzuschlagende Strategie ist wichtig, ob sie meßbar sind oder nicht (s. u.).

Im Beispiel eines chemischen Reaktors sind die Ströme der Eingangskomponenten sowie Temperatur und Druck im Reaktionsraum Regelgrößen $\boldsymbol{x}$. Ausgangsgröße $y$ ist der Anteil einer gewünschten Komponente des Ausgangsproduktes. Die Störgrößen $\boldsymbol{z}$ resultieren aus sich ändernden Eigenschaften der Eingangskomponenten und aus Katalysatorvergiftungen. Durch eine übergeordnete Optimierung können die Führungsgrößen für die Regelkreise (die Sollwerte für die Regelgrößen) bestimmt werden, die beispielsweise einen maximalen Anteil der gewünschten Komponente im Ausgangsprodukt gewährleisten.

Für die Modellbildung ist nun bedeutsam, daß für den geregelten Prozeßteil $S$ ein dynamisches Modell benötigt wird. Dagegen ist für den ungeregelten Prozeßteil $O$ häufig ein statisches Modell ausreichend, da die statische Optimierung gewöhnlich genügend langsam erfolgt und die dynamischen Trägheiten häufig gegenüber denen des Teiles $S$ vernachlässigt werden können. Ausnahmen bilden optimale Umsteuerungsprozesse des Gesamtsystems (s. u.). Während für den Teil $S$ die Gln. (1) bis (4) unverändert gelten, ist das statische Modell des Prozeßteiles $O$ gegeben durch

$$\boldsymbol{y} = \boldsymbol{h}(\boldsymbol{x}, \boldsymbol{z}) \tag{5}$$

Charakteristisch ist, daß gewöhnlich

$$\dim \boldsymbol{u} = \dim \boldsymbol{x}\,, \qquad \dim \boldsymbol{y} < \dim \boldsymbol{x} \tag{6}$$

### 1.2. Dynamische und statische Optimierung

Das durch Gln. (1), (2) gegebene dynamische Objekt bzw. dessen durch Gl. (4) beschriebenes statisches Verhalten soll nun in zielgerichteter Weise beeinflußt werden. Jegliche solche zielgerichtete Einwirkung nennen wir *Steuerung*. Letztes Ziel ist gewöhnlich eine entsprechend einem gegebenen Kriterium unter Berücksichtigung vorhandener (insbesonderer gerätetechnischer) Beschränkungen *optimale Steuerung*. In vielen Fällen begnügt man sich jedoch, um den erforderlichen Geräte- und Rechenaufwand niedrig zu halten, mit einer suboptimalen, *zufriedenstellenden Steuerung*. Zwei wichtige Steuerungsziele lassen sich unterscheiden:

a) Die Optimierung des dynamischen Verhaltens: *dynamische Optimierung*. Das betrifft

   (α) die optimale *Stabilisierung* wichtiger Prozeßgrößen (Eliminierung der auftretenden Störungen),

   (β) die optimale *Nachführung* des Prozesses bei gleitendem optimalem Arbeitspunkt,

   (γ) die optimale *Überführung* des Prozesses aus einem vorliegenden in einen gewünschten neuen Zustand (An- und Abfahr- und Umsteuerungsprozesse).

   Der Ausdruck *Optimalsteuerung* wird in der Literatur häufig auf diese Aufgabenstellungen eingeschränkt.

b) Die Optimierung des statischen Verhaltens: *statische Optimierung*.

   Sie besteht darin, die Prozeßgrößen auf die Werte zu bringen, die eine – im Sinne eines meist technologisch-ökonomischen Kriteriums –

optimale Arbeitsweise des Prozesses gewährleisten. (Zuweilen wird der Begriff Optimierung speziell auf diese Aufgabe eingeschränkt.)

Als Kriterien bei der dynamischen Optimierung dienen gewöhnlich *Zielfunktionale* der Form [2]

$$I = \int_0^T f_0[\boldsymbol{q}(t), \boldsymbol{u}(t)]\, dt \tag{7}$$

Bei der Stabilisierungs- (Regelungs-) Aufgabe wird gewöhnlich $T$ unendlich (fest) gewählt, der Endzustand $\boldsymbol{q}(T)$ ist dabei frei. Bei stochastischen Störungen $z'$ muß Gl. (7) durch den Erwartungswert ersetzt werden

$$I_E = E\{I\} \tag{8}$$

Beim Überführungsproblem (Umsteuerungsproblem) sind der Anfangs- und Endzustand fest:

$$\boldsymbol{q}(0) = \boldsymbol{q}_0; \qquad \boldsymbol{q}(T) = \boldsymbol{q}_T. \tag{9}$$

Der Endzustand kann auch gebunden, d. h. auf ein bestimmtes Gebiet des Zustandsraumes beschränkt sein. Die Zeit $T$ ist bei Umsteuerproblemen häufig frei. Einen wichtigen Sonderfall stellt das *zeitoptimale* Steuerungsproblem dar. Für dieses gilt

$$f_0(\boldsymbol{q}, \boldsymbol{u}) = 1; \qquad I = \int_0^T dt = T \tag{10}$$

Die Optimierung erfolgt durch Minimierung von $I$ mittels Variation der Steuergrößen $\boldsymbol{u}(t)$:

$$I^* = \min_{u(t) \in U} I[\boldsymbol{q}(t), \boldsymbol{u}(t)] = I[\boldsymbol{q}^*(t), \boldsymbol{u}^*(t)] \tag{11}$$

Die *optimale Steuerung* (Steuerungsstrategie) $\boldsymbol{u}^*(t)$ muß dabei gewöhnlich aus einer Menge zulässiger Steuerungen $U$ gefunden werden. Entsprechendes gilt zuweilen auch für die sich dabei einstellende *optimale Zustandstrajektorie* $\boldsymbol{q}^*(t)$. Diese Beschränkungen sind die Ursache dafür, daß (bei ihrem Wirksamwerden) die Methoden der klassischen Variationsrechnung durch die der modernen Theorie der Optimalsteuerung ersetzt werden müssen, die sich insbesondere auf das *Maximumprinzip von* Pontrjagin und die von Bellman angegebene *dynamische Programmierung* stützt.

Für die statische Optimierung gilt statt des Zielfunktionals (7) die *Zielfunktion*:

$$Q = Q'(\boldsymbol{x}, \boldsymbol{u}) \tag{12}$$

Durch Einsetzen der statischen Prozeßgleichung (4) findet man die *Optimierungsfunktion* (das *Optimierungsmodell*)

$$Q = Q(\boldsymbol{u}, \boldsymbol{z}') . \tag{13}$$

Die Optimierung besteht darin, das Minimum (oder Maximum) von $Q$ bei gegebenem Störvektor $\boldsymbol{z}'$ (Parametervektor) zu finden, wobei die Beschränkungen für $\boldsymbol{u}$ gewöhnlich in Form von Ungleichungen eingeführt werden:

$$Q^* = \min_{\boldsymbol{u}} Q(\boldsymbol{u}, \boldsymbol{z}') = Q(\boldsymbol{u}^*, \boldsymbol{z}') \tag{14}$$

mit den Bedingungen

$$b_j(\boldsymbol{u}) \leqq 0 , \qquad j = 1, 2, \quad ., k .$$

Für die im folgenden besonders interessierende statische Optimierung des ungeregelten Prozeßteiles *0* gilt entsprechend mit Gl. (5)

$$Q^* = \min_{\boldsymbol{x} \in X} \tilde{Q}(\boldsymbol{y}, \boldsymbol{x}) = \min_{\boldsymbol{x} \in X} Q(\boldsymbol{x}, \boldsymbol{z}); \qquad X = \{\boldsymbol{x} | \boldsymbol{b}(\boldsymbol{x}) \leqq \boldsymbol{0}\} \tag{15}$$

### 1.3. Synthesevorbereitung

Bei der statischen wie bei der dynamischen Optimierung müssen vor der Synthese der eigentlichen Steuerungs-Algorithmen und der entsprechenden Steuerungseinrichtungen eine Reihe anderer Probleme grundsätzlich gelöst sein und für den vorliegenden Anwendungsfall bearbeitet werden. Hierzu gehören:

#### 1.3.1. Beschreibung

Es muß eine Beschreibungsweise zur Verfügung stehen, in der das statische bzw. dynamische Verhalten des Objektes dargestellt und das Steuerungs-/Optimierungsproblem gelöst werden kann, in geschlossener Form oder wenigstens algorithmisch (programmierbar). Die bestehenden Beschreibungsformen, die quantitative Lösungen zulassen, sind auf bestimmte Systemklassen beschränkt und ermöglichen deshalb im allgemeinen nur eine Beschreibung von Teilsystemen. Die Gln. (1), (2) beispielsweise eignen sich nur für die Beschreibung von kontinuierlichen Prozessen. Schwierigkeiten bereitet z. B. die Einbeziehung von Stückgutprozessen vom Charakter der Kleinserienfertigung sowie von Prozessen mit stochastischen Übergängen. Unter anderem werden noch Beschreibungsformen für Entwicklungssysteme benötigt. Bei großen Systemen sind aggregierte Beschreibungsweisen für Teilsysteme erwünscht [3].

### 1.3.2. Modellbildung und Identifikation

Die erste Aufgabe betrifft die Bestimmung der Struktur des Prozeßmodells, die zweite die Ermittlung der Parameter. (Zuweilen wird auch beides mit dem Begriff Identifikation belegt.) Da die Synthese der Steuerungs- und insbesondere der Regelungsalgorithmen die Kenntnis des Modells des zu steuernden Objektes voraussetzt, ist die Identifikation ein integrierender Bestandteil des Syntheseverfahrens. Sie muß in der Vorbereitungsphase bzw. bei zeitvariablen Objekten zwecks Anpassung der Steuerungsalgorithmen (meist zyklisch) in der Arbeitsphase durchgeführt werden. Bei Optimalsteuerung dynamischer Prozesse tritt zur Identifikation der Parameter noch die des Zustandes, die bei stochastischen Störungen mittels statistischer Schätzmethoden (KALMAN-BUCY-Filter u. ä.) erfolgt [8, 9]. Optimierungs- und Identifikationsalgorithmen sollten aufeinander abgestimmt sein [10]. Sie sind häufig stärker miteinander verbunden, besonders bei der von FELDBAUM entwickelten sogenannten dualen Steuerung [11]. Auf die Notwendigkeit, das Prozeßmodell nicht auf die technischen Größen zu beschränken, sondern auf die die Produktivität bestimmenden ökonomischen Größen auszudehnen, wurde schon oben hingewiesen.

Modellbildung und Identifikation können normalerweise für Teilsysteme durchgeführt werden, so daß die spezifische Problematik großer Systeme dabei noch nicht so deutlich wird.

### 1.3.3. Simulation

Das Syntheseproblem ist bei größeren Systemen häufig nicht geschlossen lösbar. Einen Ausweg bietet die Simulation des Prozesses auf einem Rechner und die Anwendung programmierbarer (numerischer) Optimierungsmethoden. Voraussetzung für eine ökonomische Lösungsmethodik ist hier die Verfügbarkeit über eine geeignete Simulationssprache (die auf einer der bekannten Programmiersprachen basieren kann) und über effektive Unterprogramme zur Optimierung, s. z. B. [4, 5].

### 1.3.4. Zielbestimmung

Eine quantitative Behandlung erfordert die Formulierung einer Zielfunktion. Für größere Prozesse existieren häufig mehrere Ziele. Bei Kenntnis objektiver Bewertungsfaktoren können diese zu einer skalaren

Gesamtzielfunktion zusammengefaßt werden. Oft müssen sie jedoch als ein Zielfunktionenvektor bestehen bleiben. Dieses Problem der *Polyoptimierung* erfordert spezielle Optimierungsstrategien [6, 7]. Im Sinne der Optimalität nach PARETO wird dabei eine Menge gleichberechtigter Punkte gefunden. Bei Abweichungen von diesen verschlechtert sich der Wert für wenigstens eine der betrachteten Zielfunktionen. Diese Menge kann nur durch zusätzliche Bedingungen eingeschränkt werden.

Im Zusammenhang mit einer Kostenoptimierung in GS sei auch auf die Dringlichkeit hingewiesen, den Einfluß verschiedenster Maßnahmen auf die Kosteneinsparung statistisch gesichert zu erfassen. Hierzu gehören die Wirkung bestimmter Wartungs- und Ersetzungsstrategien und redundanter Schaltungen auf die Erhöhung der Zuverlässigkeit (Vermeidung von Produktionsausfällen) sowie der Einfluß von Genauigkeit und Komplexität der Steuereinrichtungen auf die Steigerung von Menge und Qualität der Ausgangsprodukte u. a. m.

### 1.4. Entwurfs- und adaptive Echtzeitalgorithmen

Für die geforderten Eigenschaften der Identifikations-/Steuerungs-/Optimierungsalgorithmen ist von wesentlicher Bedeutung, ob diese

a) in einer *Vorbereitungsphase* entworfen und während der Arbeitsphase unverändert angewandt werden können: *Entwurfsalgorithmen*

oder ob sie

b) während der *Arbeitsphase* ermittelt (erforderlichenfalls) und laufend angepaßt werden müssen: *Echtzeitalgorithmen* [12].

Im ersten Fall ist es möglich, in einem (längeren) Iterationsprozeß die optimalen Steueralgorithmen zu bestimmen, die dann in einer späteren Arbeitsphase angewandt werden. Ein Beispiel bietet die Umsteuerung eines wenig gestörten Objektes von einem gegebenen Anfangs- in einen gewünschten Endzustand. Im zweiten Fall müssen die Steueralgorithmen in den kurzen Zeitintervallen zwischen den Steuerbefehlen korrigiert werden. Hierfür eignen sich rekursive Algorithmen, bei denen neu eintreffende Informationen laufend eingearbeitet werden, so daß rechtzeitig eine (suboptimale) Strategie bestimmt werden kann, die dann ständig verbessert bzw. angepaßt wird. Ein Beispiel ist die statische Modellbildung mittels rekursiver Regression [13]. Auch bei der adaptiven digitalen Regelung erfolgen Zustands- und Parameteridentifikation sowie die darauf folgende Berechnung des Regelungsalgorithmus zweckmäßig rekursiv [14].

### 1.5. Zerlegung der Steuerungsaufgabe bei großen Systemen (GS)

Von der Seite des zu steuernden (technologischen) Prozesses und der ökonomischen Zielstellung her gesehen sind GS vor allem dadurch gekennzeichnet, daß

- mehrere relativ selbständige Teilsysteme vorliegen, die in gegenseitiger (stofflicher, energetischer, informationeller u. a.) Wechselwirkung stehen,
- für diese Teilsysteme Teilziele bestehen, die eine für das Gesamtsystem erklärte Zielfunktion mitbestimmen, wobei die einseitige Verfolgung des Zieles eines Teilsystems (infolge der gegenseitigen Verkopplungen) häufig die Güte anderer Teilsysteme herabsetzt und nicht notwendig zur Erhöhung der Güte des Gesamtsystems beiträgt.

Weitere Erschwernisse liegen in der Instationarität der Prozesse und Ziele und in der Existenz von stochastischen Störungen. Diese treten jedoch auch bei kleineren Prozessen auf. Qualitativ völlig neue Probleme ergeben sich, wenn Menschen — in Ausübung von Leitungsfunktionen oder als Glieder von Kollektiven, die bestimmte Operationen ausführen — in GS wirksam sind. Auf diese Problematik soll wegen der hier ausschließlich betrachteten automatischen Systeme nicht eingegangen werden.

Von der Seite der automatischen Steuerung her zeigt sich, daß bei GS die Lösung der Steuerungsaufgabe bald einen solchen Umfang annimmt, daß die hierzu eingesetzten Rechenmaschinen bezüglich des Speicherplatzes überfordert werden. Insbesondere wachsen die Rechenzeiten (Informationserfassung und -verarbeitung) so rapid an, daß die Lösung des Steuerungsproblems (wenn überhaupt) erst erhalten wird, nachdem der zu steuernde Prozeß sich so weit verändert hat, daß die Durchführung der abgeleiteten Maßnahmen nicht mehr sinnvoll ist. Wenn der Prozeß bis zur Lösung des gesamten Steuerungsproblems ohne Kontrolle bleibt, besteht darüber hinaus die große Gefahr einer Havarie. Auch bei kürzeren Rechenzeiten ergibt sich durch die Verzögerung der Steuerbefehle ein Güteverlust.

Der allgemein beschrittene Weg zur Überwindung dieser Schwierigkeiten besteht in der Zerlegung des Steuerungsproblems. Er führt auf eine (funktionell) *hierarchische Struktur* der Steuereinrichtungen bzw. der Steuerungsalgorithmen. Diese Zerlegung erfolgt in zweifacher Weise:

### 1.5.1. Vertikale oder zeitliche Zerlegung

Sie ist dadurch gekennzeichnet, daß verschiedene — für das gleiche Objekt — zu leistende Steuerungsfunktionen (die aus dem Gesamtsteuerungsproblem abgeleitet werden) auf verschiedene Ebenen verteilt werden [15, 16]. Auf der unteren Ebene werden die Aufgaben der direkten Steuerung/Regelung erfüllt, die vergleichsweise einfach sind, jedoch wegen der notwendigen Stabilität des Prozeßzustandes keine Verzögerung erfahren dürfen. Auf einer übergeordneten Ebene erfolgt beispielsweise die Lösung des statischen Optimierungsproblems, die die Führungsgrößen für die untergeordneten Regelkreise liefert. Sie erfordert eine längere Zeit, die jedoch bei langsam driftendem Prozeß (ungeregelter Prozeßteil und Störungen $z$) in Kauf genommen werden kann. Auf diese Weise erhalten wir eine *Hierarchie von Steuerungsfunktionen*, wobei für die übergeordnete, kompliziertere Aufgabe eine größere Zeit zur Verfügung gestellt werden kann. In Anlehnung an [17] werden diese Steuerungsebenen hier kurz *Schichten* genannt, die entsprechenden Systeme heißen auch *Mehrschichtsysteme*.

### 1.5.2. Horizontale oder räumliche Zerlegung

Wenn der zu steuernde Prozeß in mehrere Teilprozesse (Teilsysteme) zerlegt werden kann, wobei die Zahl der Kopplungen zwischen diesen niedrig ist gegenüber der auf die einzelnen Teilprozesse einwirkender Größen, so ist es häufig möglich, die Gesamtzielfunktion und die Beschränkungen und damit die gesamte Steuerungsaufgabe weitgehend auf die einzelnen Teilprozesse aufzuteilen. Wichtig ist, daß hierbei alle Steuerungsfunktionen (Regelung, Optimierung usw.) für jeden Teilprozeß gesondert durchgeführt werden. Es liegt somit eine horizontale Aufteilung (und nicht eine vertikale der Steuerungsfunktionen) vor. Wegen der gegenseitigen Kopplungen beeinträchtigen sich jedoch die Steuerungen der verschiedenen Teilprozesse. Durch eine *Koordinationseinrichtung* auf einer übergeordneten Ebene müssen deshalb die Steuerungen für die Teilsysteme so koordiniert werden, daß das für das gesamte System gegebene Ziel möglichst gut erreicht wird. Diesen Tatbestand, daß gleichartige Steuerungsaufgaben von gleichgeordneten Steuerungseinheiten geleistet und letztere von übergeordneten Stellen koordiniert werden, finden wir insbesondere in Organisationen vor. Die verschiedenen Steuerungsebenen sollen deshalb *Koordinations-* oder *Organisationsebenen* oder kurz *Ebenen* genannt werden [17], die entspr. Systeme *Mehrebenensysteme*.

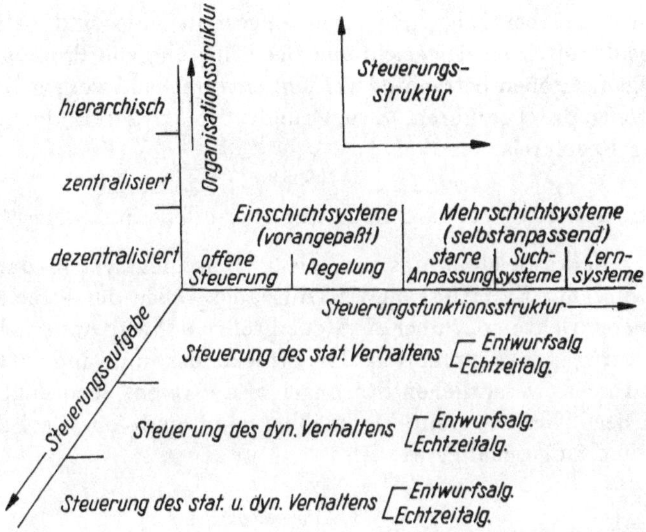


**Abb. 3.** Zur Klassifikation der Sterungsaufgaben und -strukturen

Eine Grobklassifikation von kybernetischen Systemen der automatischen Steuerung nach der Steuerungsaufgabe und der Struktur der Steuerungseinrichtungen bzw. der Steuerungsalgorithmen ist in Abb. 3 gezeigt. Im folgenden sollen verschiedene Typen, die grundsätzlichen Charakter und praktische Bedeutung besitzen, vorgestellt werden: im Abschnitt 2 Mehrschichtsysteme und im Abschnitt 3 Mehrebenensysteme.

## *2. Systeme mit hierarchischer Struktur der Steuerungsfunktionen*

In Abhängigkeit von der Komplexität der Steuerungsaufgabe steht die Komplexität des Steuerungsalgorithmus, der nach den vorstehenden Ausführungen zweckmäßig eine hierarchische Struktur erhält. Dabei zeigt sich, daß mit einer komplexeren Struktur qualitativ höhere Steuerungsaufgaben erfüllt werden können.

### 2.1. Einschichtsysteme; vorangepaßte Systeme

Die nachfolgend vorgestellten Einschichtsysteme sind vorangepaßte. Bei *vorangepaßten Systemen* werden Struktur und Parameter der Steuerungseinrichtung bzw. der Steueralgorithmen in der Vorbereitungsphase bestimmt und bei Inbetriebnahme eingestellt. Sie sind befähigt, die Aufgabe der direkten zielgerichteten Beeinflussung von Prozeßgrößen (die als Ausgangsgrößen betrachtet werden) entsprechend vorgegebenen Führungsgrößen durchzuführen. Zwei Grundtypen existieren: die Steuerkette und der Regelkreis.

### 2.1.1. Steuerkette (Vorwärtssteuerung oder offene Steuerung)

Die Steuerkette stellt das einfachste Einschichtsystem dar, Abb. 4. Die gewünschte Beeinflussung der Ausgangsgrößen der Strecke $\boldsymbol{x}$ durch die Steuereinrichtung *St* über die Steuergrößen $\boldsymbol{u}$*) wird nur erhalten, wenn die Übertragungseigenschaften der Strecke bekannt und zeitinvariant sind und keine wesentlichen Störungen $\boldsymbol{z}'$ auftreten. (Störungen können kompensiert werden, wenn sie meßbar sind und auf die Steuerungseinrichtung aufgeschaltet werden.)

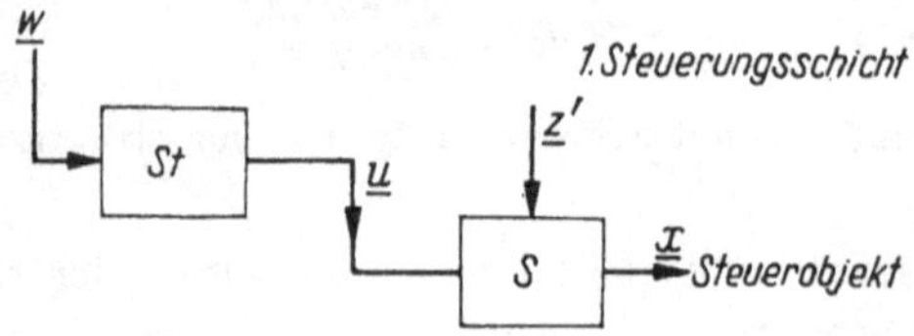


Abb. 4. Steuerkette

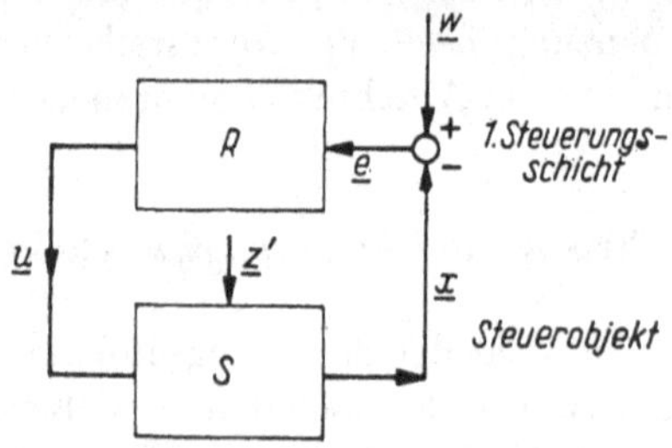


Abb. 5. Regelkreis

### 2.1.2. Regelkreis

Bei Übergang zur Kreisstruktur (Abb. 5) erhält das System die qualitativ höhere Fähigkeit, unbekannte Störungen $\boldsymbol{z}'$ auszuregeln und die gewünschte Beeinflussung der Ausgangsgrößen $\boldsymbol{x}$ auch bei mäßigen Änderungen der Übertragungseigenschaften des Objektes zu gewährleisten.

*) Siehe Anmerkung S. 52.

Das wird dadurch erreicht, daß der Regler jede Abweichung $\boldsymbol{e}$ von der vorgegebenen Größe $\boldsymbol{w}$ beobachtet und über die Steuergröße $\boldsymbol{u}$ eine Angleichung von $\boldsymbol{x}$ an $\boldsymbol{w}$ erzwingt. Letzteres erfolgt nur bei Stabilität und darüber hinaus ausreichender Güte des Regelkreises. Bei der Steuerkette tritt dieses Stabilitätsproblem nicht auf.

Bei größeren Änderungen des Objektes arbeitet auch der Regelkreis schlecht oder wird instabil. Außerdem kann oder darf für Ausgangsgrößen, die die Güte des Prozesses bestimmen, häufig kein Sollwert vorgegeben werden. Vielmehr besteht die Aufgabe, diese Größen auf ihre maximal möglichen (nicht vorher bekannten) Werte zu bringen. Diese Schwierigkeiten können durch die Konstruktion selbstanpassender Steuerungseinrichtungen überwunden werden.

## 2.2. Mehrschichtsysteme; selbstanpassende Systeme

*Selbstanpassende Steuerungseinrichtungen* ändern ihren Steuerungsalgorithmus entsprechend den sich ändernden Objekt- und Umweltbedingungen. Da diese Änderungen gewöhnlich langsam erfolgen, empfiehlt es sich, die mit der direkten Steuerung befaßte unterste Schicht nicht zusätzlich mit der Anpassungsfunktion zu belasten, sondern diese Funktion einer übergeordneten Steuerungsebene zu übertragen. Auf diese Weise erhält man ein Mehrschichtsystem. Ein solches *hierarchisches selbstanpassendes System* beeinflußt die Arbeitsweise eines Grundsystems (Steuerketten und/oder Regelkreis) mit dem Ziel, bei einer gegebenen Anfangsunbestimmtheit oder sich ändernden Eigenschaften von Objekt und/oder Umwelt (Störungen) ein durch eine vorgegebene Zielfunktion bestimmtes, gewöhnlich optimales Verhalten zu erreichen. Der Ausdruck selbstanpassendes System bezeichnet somit die gegenüber einem Regelkreis qualitativ höhere Leistungsfähigkeit und Verhaltensweise, während der Ausdruck Mehrschichtsystem die Grobstruktur der Steuereinrichtung charakterisiert.

Erfolgt die Anpassung durch Änderung der Parameter oder Führungsgrößen des Grundsystems, so spricht man von einem *selbsteinstellenden System.* Wird auch die Struktur in die Änderung einbezogen, so liegt ein *selbstorganisierendes System* vor. Wird durch die Anpassung ein — in gegebenem Sinne — bestmögliches Verhalten erstrebt, so handelt es sich um ein *selbstoptimierendes System.* Während die Anpassung (Optimierung) des dynamischen Verhaltens durch Änderung der Parameter und gegebenenfalls der Struktur der Steuerungs- bzw. Regelungsalgorithmen erfolgt, geschieht die statische Optimierung meist durch Änderung der

Führungsgrößen für die Regelkreise und Steuerketten. Im folgenden sollen die wichtigsten Formen der Anpassung am Beispiel der statischen Optimierung betrachtet werden.

2.2.1. Statische Vorwärtsanpassung (Vorwärtsoptimierung)

Bei Ausgang von dem Prozeßmodell in Abb. 2 kann wegen der dort punktiert eingezeichneten Regelkreise vorausgesetzt werden, daß in dem für die statische Optimierung interessierenden stationären Zustand gilt

$$\boldsymbol{x} = \boldsymbol{w} \tag{16}$$

Damit kann die statische Optimierung des Prozesses über die Führungsgröße $\boldsymbol{w}$ erfolgen, und wir erhalten aus Gl. (15)

$$Q^* = \min_{\boldsymbol{x} \in X} Q(\boldsymbol{x}, \boldsymbol{z}) = \min_{\boldsymbol{w} \in W} Q(\boldsymbol{w}, \boldsymbol{z}) = Q^*(\boldsymbol{w}^*, \boldsymbol{z}) \,, \tag{17}$$

wobei

$$W = \{\boldsymbol{w} | \boldsymbol{b}(\boldsymbol{w}) \leqq \boldsymbol{0}\} \tag{18}$$

die Menge der zulässigen Führungsvektoren darstellt, aus der der optimale $\boldsymbol{w}^*$ gefunden werden muß. Durch Auflösung nach $\boldsymbol{w}^*$ erhält man für eine vorliegende Störsituation (Umweltsituation) $\boldsymbol{z}$ die optimalen Führungsgrößen $\boldsymbol{w}^*$ (die mit den optimalen Eingangsgrößen $\boldsymbol{x}^*$ für den ungeregelten Prozeßteil übereinstimmen):

$$\boldsymbol{w}^* = \boldsymbol{w}(\boldsymbol{z}) \tag{19}$$

Können alle wesentlichen Störungen $\boldsymbol{z}$ gemessen werden und ist die Beziehung (19) in der Vorbereitungsphase ermittelt worden, so ist die in Abb. 6 dargestellte sogenannte *Vorwärtsoptimierung* (sie entspricht einer

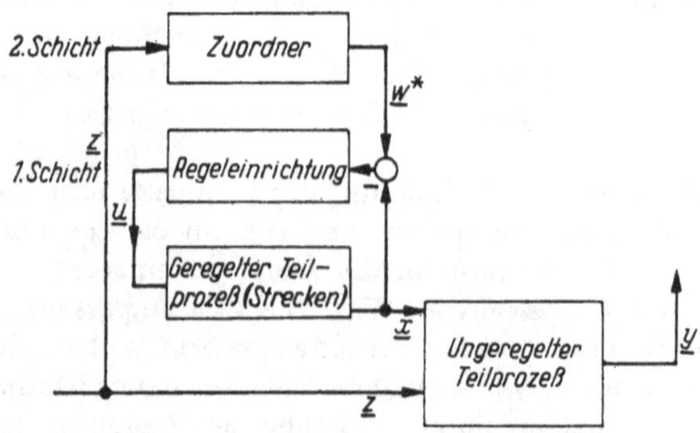


Abb. 6. Statische Optimierung durch offene Steuerung (Vorwärtsoptimierung)

offenen Steuerung) über einen Zuordner möglich. Dieser realisiert die Beziehungen (19), die ihm vom Konstrukteur in Ausübung der Funktion eines Lehrers eingegeben wurden. Wir haben ein *belehrtes System.*

### 2.2.2. Statische Anpassung durch Suche am Prozeß (Rückwärtsoptimierung)

Ist die optimale Zuordnung (Gln. (17), (19)) bei Inbetriebsetzung noch unbekannt oder können die Störungen $\boldsymbol{z}$ nicht gemessen werden, so kann die statische Optimierung mit dem in Abb. 7 gezeichneten Suchsystem

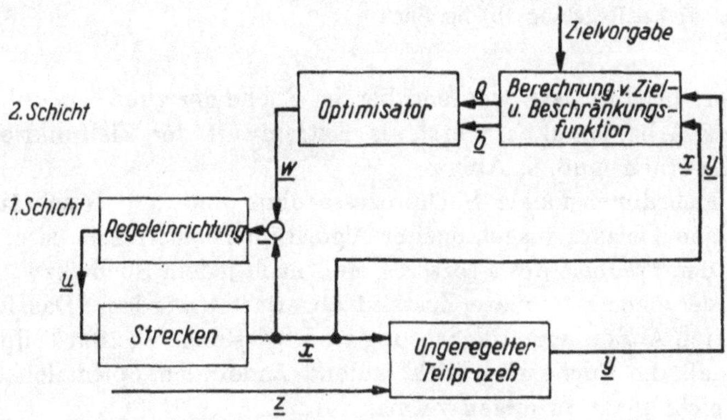


Abb. 7. Statische Optimierung durch Suche am Prozeß (Rückwärtsoptimierung)

verwirklicht werden. Hierzu werden die Eingangsgrößen $\boldsymbol{x}$ und die Ausgangsgrößen $\boldsymbol{y}$ am Prozeß gemessen und daraus die Zielfunktion (Gl. (15))

$$Q = \tilde{Q}(\boldsymbol{y}, \boldsymbol{x}) = \tilde{Q}(\boldsymbol{y}, \boldsymbol{w}) \tag{20}$$

und die Beschränkungsfunktionen

$$\boldsymbol{b}(\boldsymbol{x}) = \boldsymbol{b}(\boldsymbol{w}) \tag{21}$$

berechnet. Durch einen Optimisator werden dann die Führungsgrößen $\boldsymbol{w}$ zielstrebig so geändert, daß auf dem Wege einer Suche der zulässige optimale Führungsvektor $\boldsymbol{w}^*$ gefunden wird, der $Q$ minimiert. Da bei der Suche – wie bei der Regelung – eine Rückführung (ein Suchkreis) existiert, heißt diese Anpassung *Rückwärtsoptimierung.* Der wesentliche Unterschied gegenüber der Regelung besteht darin, daß bei dieser die statische Kennlinie der Strecke im vorgegebenen Sollwert $w$ einen Vorzeichenwechsel aufweist (weshalb die erforderliche Steuergrößenänderung

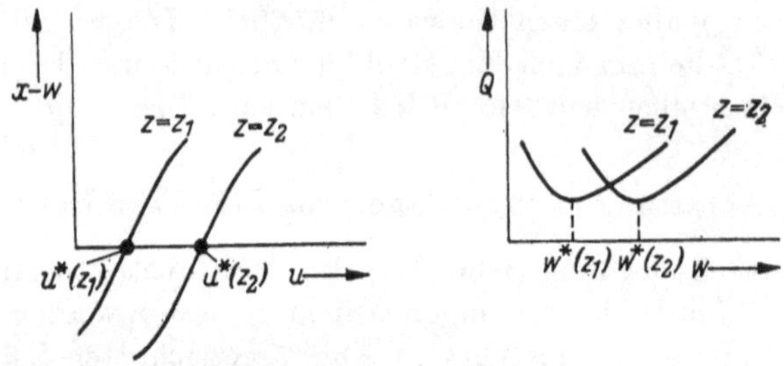


Abb. 8. Statische Kennlinien (Parameterstörung $z$)
a) bei Regelung; b) bei Suche

$\Delta u$ sofort bekannt ist), während bei der Suche der zunächst unbekannte optimale Arbeitspunkt $w^*$ erst als Extremwert der Zielfunktion $Q$ bestimmt werden muß, s. Abb. 8.

Für mehrdimensionale Suchprozesse ohne und mit Beschränkungen wurde eine Vielzahl ausgeklügelter Algorithmen entwickelt, s. z. B. [18]. Wegen der Trägheit des Prozesses muß nach jedem Such- bzw. Arbeitsschritt der neue stationäre Zustand abgewartet werden. Das führt bei schnelleren Änderungen der Störung $\boldsymbol{z}$ oder des ungeregelten Teilprozesses dazu, daß die Suche dem sich laufend ändernden optimalen Arbeitspunkt nicht mehr zu folgen vermag.

### 2.2.3. Statische Anpassung durch Suche am Prozeßmodell

Eine Überwindung vorstehend genannter Schwierigkeiten ermöglicht die Suche an einem statischen Modell des ungeregelten Prozeßteiles, auf das die am Prozeß gemessenen Störungen $\boldsymbol{z}$ aufgeschaltet werden, s. Abb. 9. Die am verzögerungsfreien Modell wesentlich schneller gefundenen optimalen Führungsgrößen $\boldsymbol{w}^*$ werden alsdann den Regeleinrichtungen der ersten Schicht vorgegeben. Das entspricht einer Vorwärtsoptimierung. Sind die Übertragungseigenschaften des Prozesses (ungeregelter Teil) konstant, so kann das Modell in der Vorbereitungsphase ermittelt werden. Trifft das nicht zu, so muß durch einen zusätzlichen Identifikator, dem die Ein- und Ausgangsgrößen des zu identifizierenden Prozeßteiles zugeführt werden, das Modell kontinuierlich oder zyklisch dem realen Prozeß angepaßt werden, beispielsweise durch Regressionsanalyse.

Während sich die Störungen $\boldsymbol{z}$ schneller ändern dürfen, sind für den Prozeß selbst nur langsame Änderungen zulässig, da die Identifikation durch die Trägheiten des Prozesses verzögert wird. Mit Hilfe der Modell-

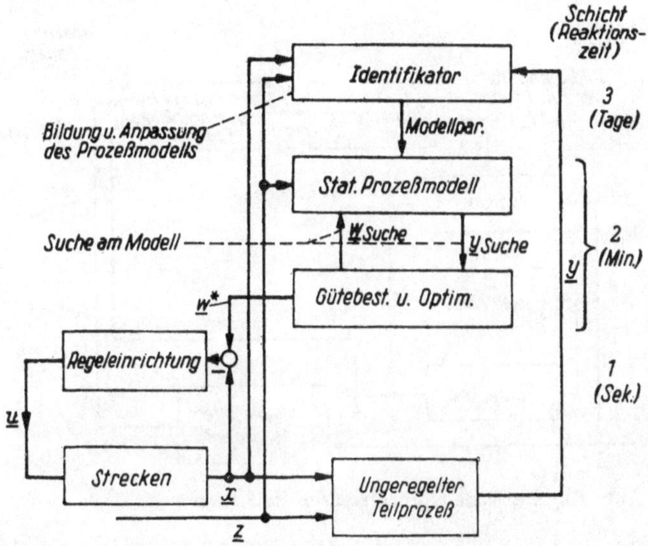


Abb. 9. Statische Optimierung mit Prozeßmodell

bildung wird die Zuordnung zwischen $w^*$ und $z$ gelernt und dann mittels Modellanpassung sich ändernden Prozeßbedingungen nachgeführt. Nach Bildung bzw. Verbesserung eines Modells kann das Steuerungssystem auf Störungen besser reagieren als zuvor. Das ist bereits ein Charakteristikum lernender Systeme.

### 2.2.4. Statische Anpassung mit nachgeführtem Führungsgrößenzuordner (Lernsystem)

Versteht man unter *Lernen* [19] den Erwerb und die Vervollständigung von bestimmten – meist optimalen – Reaktionseigenschaften auf wiederholte Umweltsituationen, so besitzt das in Abb. 10 dargestellte System zur statischen Optimierung solche Lerneigenschaften. Sie bestehen darin, daß in der *Lernphase* durch den Optimisator mittels Suche die optimalen Zuordnungen zwischen gemessenen Störsituationen $z$ und zweckmäßigen Reaktionen $w^*$ entsprechend Gln. (17,) (19) ermittelt und in einem Zuordner abgespeichert werden. Diese für den Lernprozeß charakteristische Abspeicherung ermöglicht, bei wiederholt auftretenden Störsituationen – ohne erneute Suche – sofort die früher gefundenen zweckmäßigen Reaktionen zur Anwendung zu bringen. Ist der Zuordner für alle auftretenden Störsituationen $z$ belehrt worden und ändert der

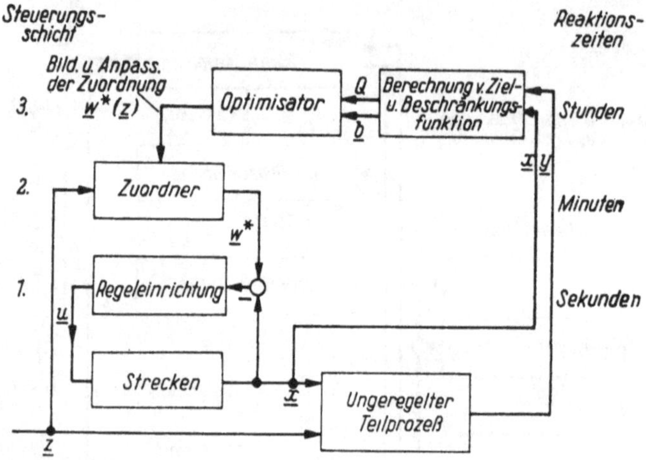


Abb. 10. Statische Optimierung mittels Lernen

Prozeß seine Übertragungseigenschaften nicht, so kann der Optimisator entfernt und in einer *Kannphase* auf eine Vorwärtsoptimierung (Abb. 6) übergegangen werden. Bei zeitvariablen Prozessen müssen Lern- und Kannphase parallel laufen.

Der Zuordner kann als ein *Gleichungsmodell* realisiert werden, wobei die Beziehung (19) beispielsweise als ein Polynom vorgegebenen Grades angesetzt wird, dessen Koeffizienten in der Lernphase bestimmt werden. Bei einem Zuordner in *Tabellenform* [20] werden zugeordnete Paare von Störvektoren $\boldsymbol{z}$ und zugehörigen (näherungsweise) optimalen Führungsvektoren $\boldsymbol{w}^*$ gebildet. Da nur eine beschränkte Zahl solcher Wertepaare gespeichert werden kann, erfordert das eine Klassenbildung. Der Zuordner heißt in diesem Falle *Klassifikator*. Die Zugehörigkeit eines Störvektors zu einer Klasse kann dabei durch den minimalen Abstand zu Muster-Störvektoren bestimmt werden, die die einzelnen Klassen repräsentieren. Der Suchprozeß wird dann – ausgehend von dem zuletzt für diese Klasse gefundenen günstigen $\boldsymbol{w}$ – immer für die Klasse fortgesetzt, in der sich der Störvektor gerade befindet.

Abb 11 [20] zeigt den Verlauf der Ziel- (Fehler-) Funktion bei der statischen Optimierung eines Systems, auf das eine linear driftende Störgröße, unterbrochen von stochastischen Sprüngen, wirkt. Ohne vorherige Belehrung arbeitet das System anfangs wie ein normales Suchsystem und benötigt etwa 30 Suchschritte zum Abbau des großen Anfangsfehlers. Bei dem gleichen, jedoch bereits durch 300 Suchschritte „er-

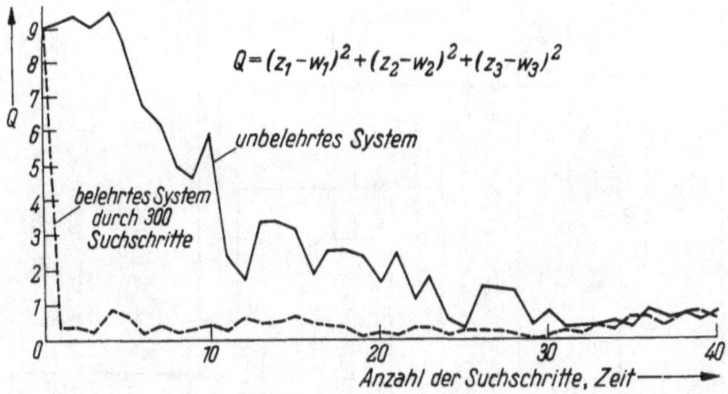


Abb. 11. Statische Optimierung durch Lernsystem mit Klassifikationsmodell

fahrenen“ System wird der gleiche Anfangsfehler in einem Schritt abgebaut. Der verbleibende Fehler ist durch die Verfolgung des driftenden Störvektors und die Klassengröße bedingt.

### 2.2.5. Allgemeines Mehrschichtsystem

In den letzten Bildern wurde der mehrschichtige Aufbau mit den gestaffelten Reaktionszeiten besonders deutlich. Durch Verallgemeinerung und Erweiterung erhält man das in Abb. 12 dargestellte Schema. Auf der linken, der Steuerungsseite, haben wir in der ersten Schicht die direkten Steuerungs- und Regelungsfunktionen, darüber die Optimierungsalgorithmen für die Vorgabe optimaler Führungsgrößen $\boldsymbol{w}$. In der dritten Schicht werden die Parameter für die Optimierungs- und die Regelungsalgorithmen bestimmt bzw. angepaßt, in der vierten Schicht wird deren Struktur festgelegt.

Auf der rechten, der Modellbildungs- (Identifikations-) Seite erfolgt auf der untersten Ebene die Informationserfassung einschließlich Zustandsschätzung $\boldsymbol{q}$ bei optimaler dynamischer Steuerung. In der zweiten Schicht wird das (statische und dynamische) Prozeßmodell bereitgestellt, dessen Parameter in der dritten Schicht identifiziert werden, dessen Struktur in der vierten Schicht bestimmt wird. Beide Prozesse, der der Modellbildung und der Steuerung, stehen in enger Wechselwirkung und werden von dem übergeordneten Ziel durchdrungen, dessen Vorgabe nicht Aufgabe der Kybernetik bzw. automatischen Steuerung ist.

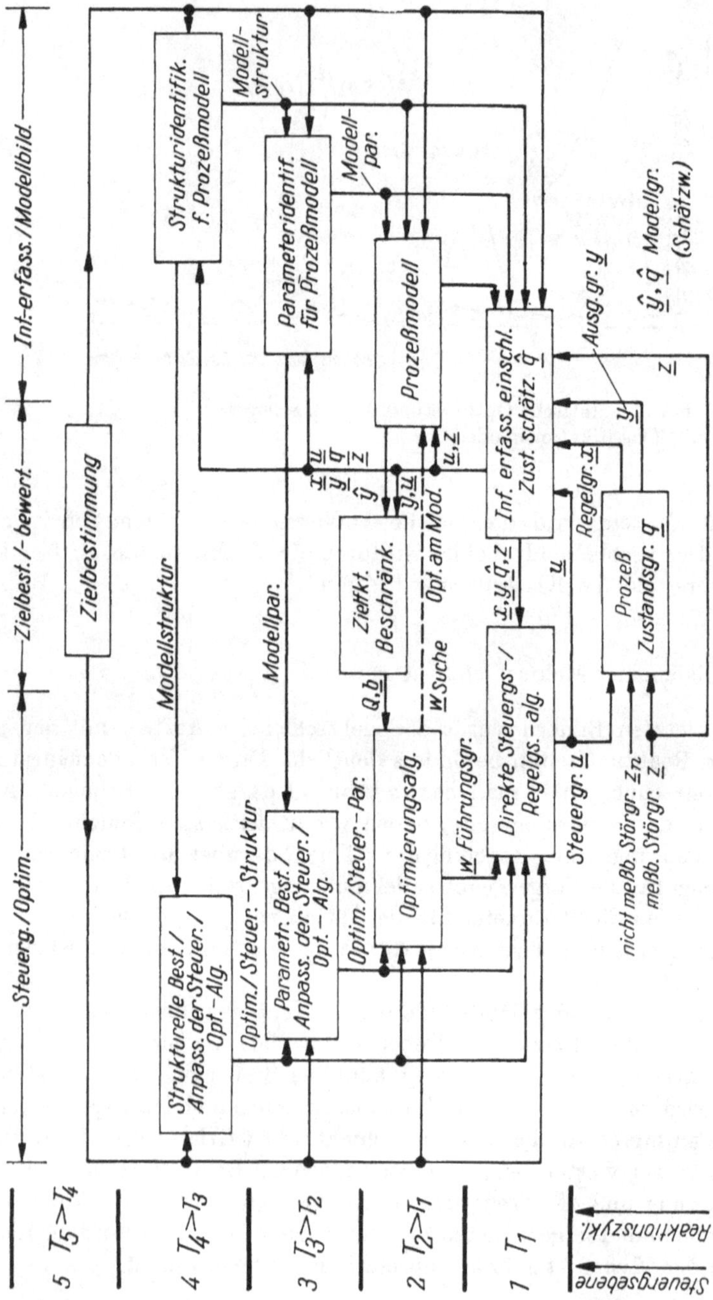


Abb. 12. Hierarchie der Steuerungsfunktionen

Bemerkt sei, daß alle aufgeführten Funktionen bei der Synthese eines Steuerungssystems erfüllt werden müssen. Bei zeitinvarianten Prozessen kann ein großer Teil vom Menschen in der Vorbereitungsphase geleistet werden. Mit wachsender Instationarität der Prozeßgrößen und -parameter oder der Ziele müssen zunehmend auch die Funktionen der höheren Schichten durch automatische Einrichtungen — Prozeßrechner und übergeordnete Leitrechner — übernommen werden.

### 3. *Hierarchie der Organisationsebenen*

Bei räumlicher (horizontaler) Zerlegung, wie sie aus den in Abschnitt 1.5 genannten Gründen für GS häufig notwendig ist, sind die Steuerungseinrichtungen $R_i$ (funktionell) in einer Hierarchie von Organisationsebenen (Koordinierungsebenen) angeordnet, s. Abb. 13c [17]. Dabei sind

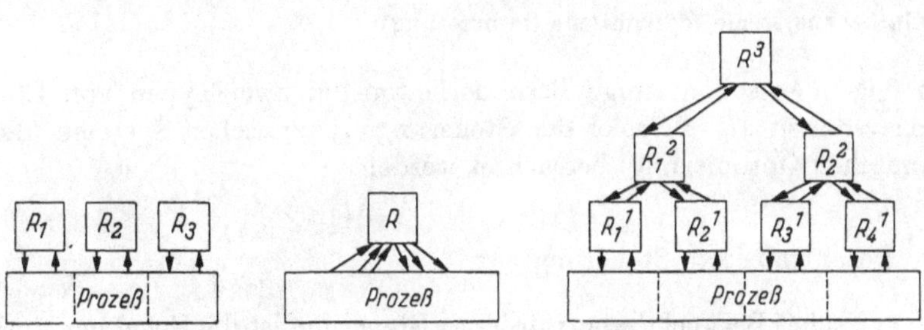


**Abb. 13. Organisationstypen kybernetischer Systeme**
**a) dezentralisiertes System, b) zentralisiertes System,**
**c) hierarchisches System**

die Einheiten der ersten Ebene $R_i^1$ nur für einen Teilprozeß zuständig, während die der höheren Ebenen ($R_i^2$, $R_i^3$, ...) jeweils mehrere untergeordnete Steuereinrichtungen koordinieren und damit das Verhalten einer Menge von Teilprozessen steuern. Die Einrichtung auf der obersten Ebene ($R^3$) gewährleistet dabei, daß das dem Gesamtsystem gegebene Ziel in möglichst optimaler Weise verfolgt wird. Bei nur einer Organisationsebene kann die Verfolgung des Gesamtzieles dadurch gewährleistet werden, daß die gesamte Steuerung von einer zentralen Steuerungseinrichtung übernommen wird: *zentralisiertes Steuerungssystem*, s. Abb. 13b. Bei *dezentralisierten*, parallel arbeitenden Steuerungseinheiten (Abb. 13a) wird das Gesamtziel nur erreicht, wenn die von den einzelnen Einheiten verfolgten Teilziele sich nicht widersprechen und diese Ziele in geeigneter

Weise mit dem Gesamtziel verbunden sind. Wegen der Kopplung der Teilprozesse ist das nur selten der Fall. Ist die Gesamtzielfunktion separabel, kann sie also auf die einzelnen Untersysteme aufgeteilt werden und sind die Wechselwirkungen zwischen diesen gering, so kann zuweilen auf eine Koordinierung verzichtet werden. Bei zeitinvarianten Prozessen kann auch der Konstrukteur in der Vorbereitungsphase die Rolle des Koordinators übernehmen. Bei gegensätzlichen Zielen der verschiedenen Teilsysteme ergibt sich die in der *Spieltheorie* untersuchte Problematik.

Zentralisierte Systeme können nach dem Gesagten als *Einebenen-Einziel-Systeme*, dezentralisierte als *Einebenen-Mehrziel-Systeme* bezeichnet werden. Hierarchische Systeme stellen dann *Mehrebenen-Mehrziel-Systeme* (mit Koordinierung dieser Ziele) dar [17].

### 3.1. Einebenensysteme (dynamische Optimierung)

Im folgenden sollen einige Besonderheiten der zwei Typen von Einebenensystemen am Beispiel der Steuerung dynamischer Systeme (der dynamischen Optimierung) betrachtet werden.

#### 3.1.1. Dezentralisierte Steuerung

Ein typisches Beispiel dezentralisierter Steuerung ist die Regelung eines Mehrgrößenprozesses mit $r$ Regelgrößen $x_i$ und $r$ Stellgrößen $u_i$ durch $r$ konventionelle Regler $R_i$, Abb. 14, ebenso die übliche direkte digitale Regelung (DDC). Diese Methode ist vergleichsweise einfach, besitzt jedoch einige durch die dezentrale Steuerungsstruktur bedingte Einschränkungen:

— Parameteränderungen in einem Kreis beeinflussen die Güte der anderen Kreise; da (und wenn) die Strategien der anderen Steuerungseinrichtungen bei der Festlegung der einen nicht berücksichtigt werden, so sind diese Strategien suboptimal.

— Alle durch Störungen oder Führungsgrößenänderungen in einem Kreis entstehenden Bewegungen werden auf andere Kreise übertragen, ohne daß hiergegen besondere Maßnahmen ergriffen würden (der Einbau von Entkopplungsreglern ist schon ein Schritt in Richtung zentralisierter Steuerung, auch wenn deren Funktion auf ein Kollektiv von Einrichtungen aufgeteilt wird).

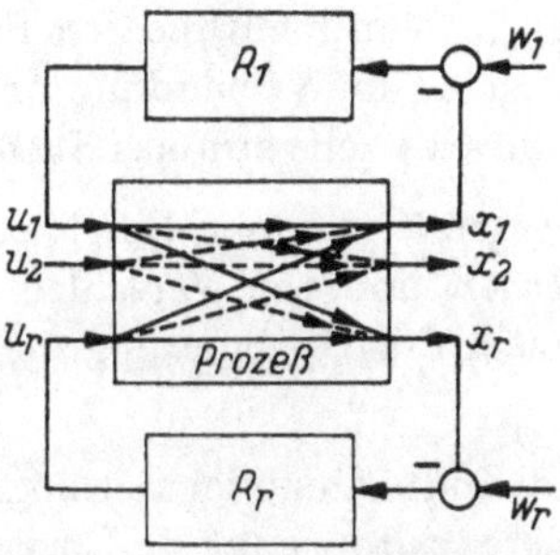


Abb. 14. Dezentralisierte Steuerung (Parameteroptimierung)

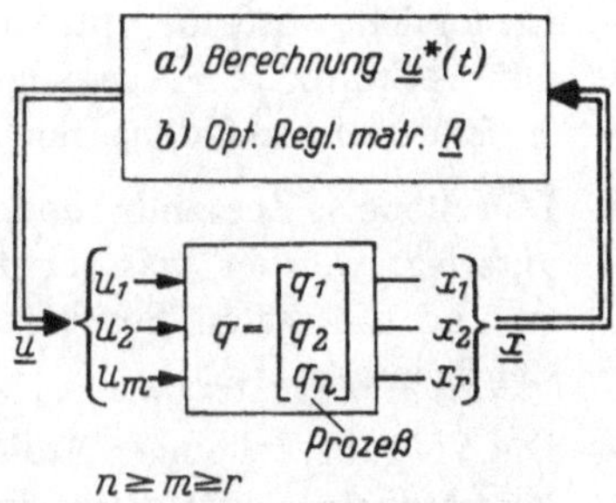


Abb. 15. Zentralisierte Optimalsteuerung (Systemoptimierung)

Durch die Eigenschaften konventioneller Regler ergeben sich weitere Einschränkungen:

— Die Regler besitzen eine vorgegebene einfache Struktur; die Synthese beschränkt sich deshalb auf eine Bemessung — im günstigen Fall Optimierung — der Parameter: *Parameteroptimierung*.
— Die Reglerparameter können nicht an veränderliche Streckenparameter angepaßt werden.
— Für die Stabilisierung und Umsteuerung nichtlinearer Prozesse bestehen keine allgemeinen (optimalen) Strategien; das gleiche gilt für den Fall, daß die Zahl der Steuergrößen die der Regelgrößen übersteigt.

### 3.1.2. Zentralisierte Steuerung

Die moderne Theorie der *Optimalsteuerung* [21] ermöglicht demgegenüber — bei enorm erhöhtem Aufwand — eine *zentralisierte Steuerung* mit folgenden Vorzügen und Besonderheiten:

— Für in weiten Grenzen formulierbare Zielfunktionen können optimale Struktur und Parameter der Steuerungsalgorithmen bestimmt werden: *Struktur- oder Systemoptimierung*. Die optimale Steuerung $\boldsymbol{u}^*(t)$ wird hierbei als Funktion der Zeit erhalten (und muß bei Auftreten neuer Störungen erneut berechnet werden). Nur in — allerdings wichtigen — Sonderfällen ergibt sich der (augenblickliche) optimale Steuervektor aus dem Zustand des Prozesses über eine optimale Reglermatrix $\boldsymbol{R}$, Abb. 15.
— Es werden nicht nur die $r$ Ausgangsgrößen $x_i$, sondern alle $n$ Zustandsgrößen $q_i$ ($n \geqq r$), die den Prozeß vollständig bestimmen, gesteuert.

- Ermöglicht wird die optimale Steuerung von nichtlinearen Prozessen mit verkoppelten Ausgangsgrößen, u. a. in Verbindung mit einer laufenden Prozeßidentifikation als lineares zeitvariables System.
- Den Steuer-, Zustands- und Ausgangsgrößen können Beschränkungen auferlegt werden, was für die Sicherheit und den Verschleiß wichtig ist und die realen Beschränkungen bei der Optimierung zu berücksichtigen gestattet.
- Die Vorgabe beliebiger Anfangs- und Endbedingungen ermöglicht die Konstruktion optimaler (insbesondere zeitoptimaler) Umsteuervorgänge.

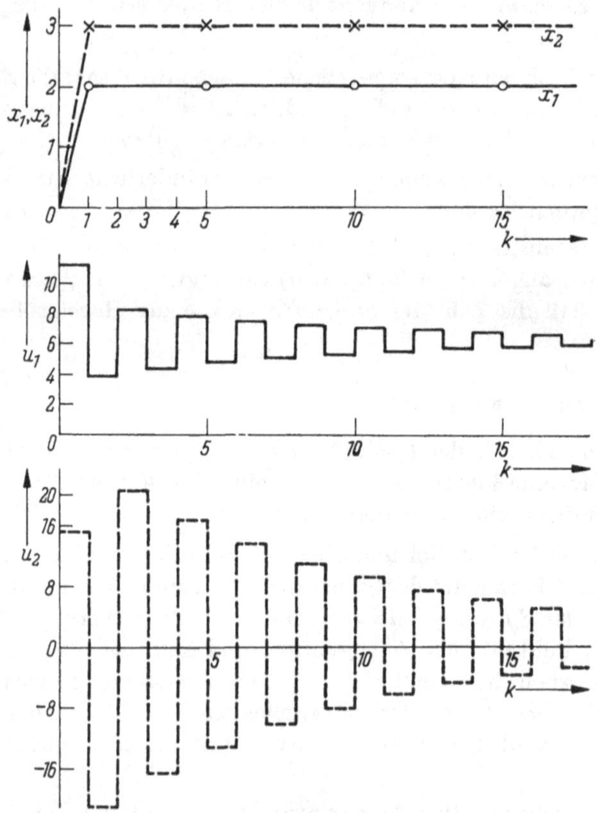


Abb. 16. Optimalsteuerung einer Zweigrößenstrecke

Abb. 16 zeigt die Umsteuerung einer ungestörten Zweigrößenstrecke auf die neuen Sollwerte $x_1 = 2$ und $x_2 = 3$ [14]. Während mit dezentralisierten konventionellen Reglern wegen der Verkopplungen und der beschränkten Regelungsalgorithmen längere Ausgleichsvorgänge auftreten (insbesondere dann, wenn bei der Bemessung der Regler die Existenz der anderen Regler nicht berücksichtigt wurde), wird der Prozeß mittels Optimalsteuerung in einem Steuerungstakt $k$ (des Prozeßrechners) auf die neuen Sollwerte gebracht. Die lang andauernden Steuerungsvorgänge $u_1(k)$, $u_2(k)$ lassen jedoch die Kompliziertheit dieses Steuerungsprozesses erkennen.

Für die Realisierung von Optimalsteuerungen sind hochleistungsfähige Rechner erforderlich. Ihre Aufgabe umfaßt die Schätzung des Zustandes $\boldsymbol{q}$ aus dem häufig stochastisch gestörten Ausgangssignal $\boldsymbol{x}$, die Identifikation der Streckenparameter (bei zeitvariablen Strecken) und die Berechnung der optimalen Steuerung $\boldsymbol{u}^*(k)$ bzw. des optimalen Regleralgorithmus, in günstigen Sonderfällen der konstanten Reglermatrix $\boldsymbol{R}$. Dabei kann aus Gründen der Rechenkapazität die besonders umfangreiche Berechnung von $\boldsymbol{u}^*(k)$ bzw. von $\boldsymbol{R}$ entsprechend den Prinzipien von Mehrschichtsystemen in einem übergeordneten großen Rechner erfolgen. Dagegen muß von dem mit dem Prozeß gekoppelten Prozeßrechner die Zustandsschätzung und bei gegebener Reglermatrix die Berechnung der Steuergröße, entsprechend

$$\boldsymbol{u}^*(k) = \boldsymbol{R}\,\boldsymbol{q}(k) \tag{22}$$

übernommen und diese optimale Steuerung an die Stellglieder des Prozesses gegeben werden.

Die für GS charakteristische räumliche Dekomposition ist bezüglich der dynamischen Optimierung bisher wenig untersucht worden. Das hat seine Ursache u. a. darin, daß für die dynamische Optimierung im Rahmen der GS vordringlich die Aufgabe besteht, Teilsysteme auf die — bei Änderung des Produktionszieles, bei Reparaturen u. a. — durch die statische Optimierung ermittelten neuen Arbeitspunkte in optimaler Weise zu überführen. Wir wollen deshalb für die Betrachtung einiger Besonderheiten von Mehrebenensystemen wieder zur Problematik der statischen Optimierung zurückkehren.

### 3.2. Mehrebenensysteme (statische Optimierung)

Für den Aufbau einer hierarchischen Steuerungsstruktur zur statischen Optimierung muß das gesamte Optimierungsproblem (Zielfunktion und Beschränkungen) so in Teilprobleme (Teilsysteme mit Teilzielfunktionen) zerlegt werden, daß letztere von einer übergeordneten Steuerungseinheit koordiniert werden können. Außerdem muß ein Koordinierungsalgorithmus angegeben werden, nach dem die übergeordnete Entscheidungseinheit die ihr untergeordneten Steuereinheiten und Teilprozesse über sogenannte Koordinierungsgrößen in ihrem Verhalten (insbesondere durch Zielmodifikation) so beeinflußt, daß diese relativ selbständigen Teilsysteme bei der Verfolgung der ihnen vorgegebenen Ziele automatisch zur Erreichung des Gesamtzieles beitragen.

Diese Koordinierung ist vergleichsweise einfach und übersichtlich, wenn die Kopplungen zwischen den Teilsystemen keine Funktionen der anderen Steuergrößen sind, sondern selbst als unabhängige Steuergrößen angesehen werden können. Das gilt z. B. für den Stoff- oder Energiefluß zwischen zwei regionalen Versorgungssystemen. Wir wollen deshalb zunächst diesen Fall betrachten.

### 3.2.1. Statische Optimierung steuerbar gekoppelter Teilsysteme

Bei steuerbar gekoppelten Teilsystemen können die Koppelgrößen als Steuergrößen $\boldsymbol{v}$ betrachtet werden, die auf mehrere Teilsysteme wirken. Ergibt sich die Zielfunktion des Gesamtsystems $Q(\boldsymbol{w})$ als Summe der Teilzielfunktionen $Q_i$ $(i = 1, 2, \quad, N)$ der $N$ Teilsysteme, wobei der Teilvektor $\boldsymbol{w}_i$ des gesamten Führungsvektors $\boldsymbol{w}$,

$$\boldsymbol{w} = [\boldsymbol{w}_1, \boldsymbol{w}_2, \quad, \boldsymbol{w}_i \quad, \boldsymbol{w}_N, \boldsymbol{v}]^T \tag{23}$$

nur auf das $i$-te Teilsystem wirkt, so läßt sich — bei entsprechender Zerlegbarkeit der Beschränkungen — die Optimierungsaufgabe wie folgt formulieren und zerlegen [22]:

$$\begin{aligned}
\min_{\boldsymbol{w} \in W} Q(\boldsymbol{w}) &= \min_{\substack{\boldsymbol{w}_1 \in W_1 \\ \vdots \quad \vdots \\ \boldsymbol{v} \in V}} [Q_1(\boldsymbol{w}_1, \boldsymbol{v}) + \quad + Q_N(\boldsymbol{w}_N, \boldsymbol{v})] \\
&= \min_{\boldsymbol{v} \in V} \left[ \min_{\boldsymbol{w}_1 \in W_1} Q_1(\boldsymbol{w}_1, \boldsymbol{v}) + \cdots + \min_{\boldsymbol{w}_N \in W_N} Q_N(\boldsymbol{w}_N, \boldsymbol{v}) \right] \\
&= \min_{\boldsymbol{v} \in V} [\hat{Q}_1(\boldsymbol{v}) + \cdots + \hat{Q}_N(\boldsymbol{v})] .
\end{aligned}$$

Überträgt man die Optimierung bezüglich $\boldsymbol{w}_i$ den Steuerungseinheiten der unteren Ebene, die bezüglich $\boldsymbol{v}$ der übergeordneten Steuereinheit, so wird die in Abb. 17 dargestellte hierarchische Steuerung ermöglicht. Bei dieser wird $\boldsymbol{v}$ als Koordinierungsvektor (Parametervektor) der unteren Steuerungsebene vorgegeben, die durch Optimierung bezüglich $\boldsymbol{w}_i$ die

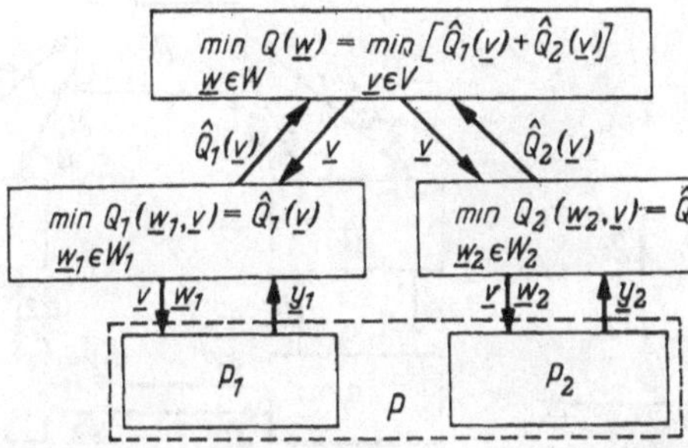


Abb. 17. Statische Optimierung mit hierarchischer Steuerungsstruktur

bedingten Optima $\hat{Q}_i(\boldsymbol{v})$ bestimmt. An die obere Ebene wird nur die aggregierte Größe $\hat{Q}_i(\boldsymbol{v})$ gemeldet. Das ermöglicht dieser Ebene, die Optimierung über $\boldsymbol{v}$ durchzuführen, z. B. durch einen Suchprozeß, wobei für schrittweise verbessertes $\boldsymbol{v}$ von der unteren Ebene die $\hat{Q}_i(\boldsymbol{v})$ ermittelt und zurückgemeldet werden. Ist die (resultierende) Dimension der Vektoren $\boldsymbol{w}_i$ und $\boldsymbol{v}$ klein gegenüber der von $\boldsymbol{w}$, so kann trotz der notwendigen mehrfachen parametrischen Optimierungen die Gesamtrechenzeit beträchtlich kürzer sein als bei geschlossener Lösung. Für eine Zerlegung spricht auch die damit im allgemeinen verbundene Erhöhung der Zuverlässigkeit.

### 3.2.2. Statische Optimierung abhängig gekoppelter Teilsysteme

Gekoppelte Teilsysteme besitzen die in Abb. 18 gezeichneten Ein- und Ausgangsgrößen: die geregelten bzw. gesteuerten Eingangsgrößen $\boldsymbol{w}_i$ (mit Führungsgrößen übereinstimmend angesehen); die von anderen Teilsystemen herrührenden Eingangskoppelgrößen $\boldsymbol{v}_i$; die den Prozeß verlassenden Ausgangsgrößen $\boldsymbol{y}_i$ (z. B. Ausgangsprodukte); die zu anderen Teilsystemen weitergeleiteten Ausgangskoppelgrößen $\boldsymbol{s}_i$ (z. B. Zwischenprodukte).

Die das statische Verhalten eines Teilprozesses beschreibenden Gleichungen sind

$$\boldsymbol{y}_i = \boldsymbol{h}_i(\boldsymbol{w}_i, \boldsymbol{v}_i)\,, \tag{25}$$

$$\boldsymbol{s}_i = \boldsymbol{t}(\boldsymbol{w}_i, \boldsymbol{v}_i) \tag{26}$$

Die Kopplung zum Gesamtsystem ist bei $N$ Teilsystemen gegeben durch

$$\boldsymbol{v}_i = \sum_{j=1}^{N} \boldsymbol{C}_{ij}\, \boldsymbol{s}_j\,, \tag{27}$$

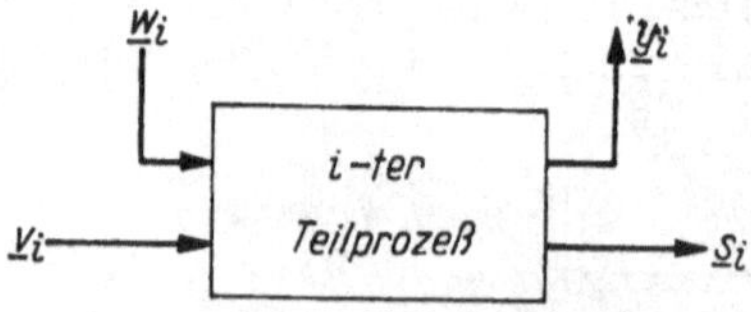


Abb. 18. Teilprozeß eines Großen Systems

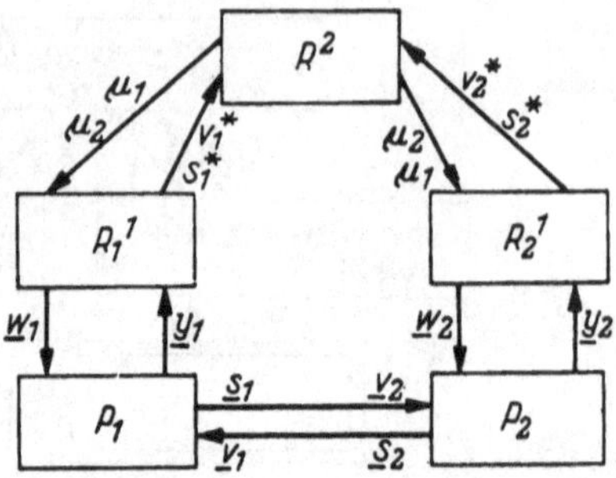


Abb. 19. Zweiebenen-System

wobei die Kopplungsmatrizen $\boldsymbol{C}_{ij}$ nur Eins- und Nullelemente besitzen. Beschränken wir uns im folgenden auf das einfache Zweiebenensystem mit zwei Teilprozessen von Abb. 19. Die Gesamtzielfunktion sei in additiver Form gegeben:

$$Q(\boldsymbol{w}, \boldsymbol{v}) = \sum_{i=1}^{2} Q_i(w_i, v_i) \tag{28}$$

Zur Optimierung mit den Nebenbedingungen in Gleichungsform

$$v_1 = s_2 = t_2(w_2, v_2) \qquad v_2 = s_1 = t_1(w_1, v_1) \tag{29}$$

führen wir die LAGRANGE-Funktion ein:

$$L = \sum_{i=1}^{2} Q_i(w_i, v_i) + \mu_1 (v_1 - t_2) + \mu_2 (v_2 - t_1) \,. \tag{30}$$

Eine notwendige Bedingung für das Optimum ist, daß $L$ bezüglich $w_i$, $v_i$ und $\mu_i$ stationär ist. Gibt man die $\mu_i$ durch die übergeordnete Ebene vor [23], so bleibt für die untergeordneten Steuerungseinheiten die Aufgabe

$$\min_{w_i, v_i} [Q_i(w_i, v_i) + \mu_i v_i - \mu_j t_i(w_i, v_i)] \, ; \quad i, j = 1, 2 \qquad i \neq j \tag{31}$$

Die für die vorgegebenen $\boldsymbol{\mu} = [\mu_1, \mu_2]^T$ erhaltenen optimalen Koppelgrößen $v_i^*(\boldsymbol{\mu})$, $s_i^*(\boldsymbol{\mu})$ werden im allgemeinen nicht die Gl. (29) erfüllen. Die erhaltenen Koppelgrößen werden dem Koordinator gemeldet, der auf Grund der Differenz $v_i^* - s_j^*$ die Faktoren $\mu_i$ in einem Suchprozeß korrigiert, bis diese Differenz verschwunden und ein stationärer Punkt der LAGRANGE-Funktion (30) erreicht ist. Die $\mu_i$ können hierbei als Preise für die eingekauften Produkte $v_i$ bzw. die verkauften Produkte $s_j$ $(i, j = 1, 2;\ i \neq j)$ betrachtet werden. Die Aufgabe des Koordinators besteht dann darin, solche Preise vorzugeben, mit denen die Bilanzen der Gln. (29) erfüllt werden. Auf die wichtige Frage der Konvergenz dieser Algorithmen soll hier nicht eingegangen werden.

Abschließend sei vermerkt, daß sich für die gleiche Problemstellung auch noch andere Koordinationsprinzipien angeben lassen, z. B. [24].

## *4. Schlußbemerkungen*

Es sei vermerkt, daß die Steuerungseinheiten verschiedener Organisationsebenen gleichartige Funktionsaufgaben erfüllen können (wie im vorstehenden Beispiel die der statischen Optimierungsfunktion). Andererseits können von einer Organisationsebene auch Steuerungsfunktionen verschiedener Steuerungsfunktionsschichten übernommen werden, wozu sie in sich gestuft werden. Meist werden auf den höheren Organisationsebenen auch die höheren Steuerungsfunktionen ausgeübt. Beide Hierarchien, die der Organisations- und die der Steuerungsfunktionenebenen, finden sich in GS in mannigfaltigen Kombinationen vor.

Die hierarchische Strukturierung ermöglicht insbesondere eine Informationsreduktion nach oben und Befehlspräzisierung nach unten, so daß sich die höhere Ebene auf die umfassenderen Entscheidungen, die längere Zeit der Informationserfassung und -verarbeitung erfordern, beschränken kann und diese in größeren Abständen zu fällen braucht.

Offensichtlich kann dasselbe Steuerungsproblem häufig mit verschiedenen Strukturen der Steuerungseinrichtungen gelöst werden, beispielsweise durch verschiedene Aufteilung des Grundsystems in Teilsysteme und durch verschiedene Zahl an Organisationsebenen und Steuerungsschichten. Damit ergibt sich das Problem der Auswahl der besten Steuerungsstruktur. Hierzu wird ein übergeordnetes Gütekriterium benötigt, das den mit verschiedenen Strukturen bei gleichguter Erfüllung der Grundaufgabe verbundenen Informationsverarbeitungsaufwand und evtl. weitere Kenngrößen wie Systemzuverlässigkeit zu vergleichen gestattet. Für diese wichtige Aufgabe der Optimierung von Informationsverarbeitungsstrukturen findet man zur Zeit nur wenige Ansätze vor [25, 26]. Hier werden erst allmählich wissenschaftlich strenger begründete Methoden die gegenwärtig geübte — auf Erfahrung und Analogie gestützte — Empirie der Ingenieure und Ökonomen ablösen.

## *Literatur*

[1] Bendel, U., Statische Prozeßoptimierung und Modellbildung. msr **13** (1970) H. 5, S. 197–200.

[2] Athans, M. u. P. L. Falb, Optimal Control. McGraw-Hill, N. Y., 1966.

[3] BUSLENKO, N. P., Modellierung komplizierter Systeme. Nauka, Moskau, 1968.
[4] Beiträge in msr **13** (1970) H. 8.
[5] NEBE, J., Berechnung dynamischer Systeme durch Modellierung auf einem Digitalrechner. msr **12** (1969) H. 12.
[6] PARETO, V., Manuel d'Economie Politique. 2. Aufl., Marcel Hiard, Paris, 1927.
[7] NEUMANN, J. v. u. O. MORGENSTERN, Theory of Games and Economic Behavior. Princeton, 1953.
[8] KALMAN, R. E. u. R. S. BUCY, New Results in Linear Filtering and Prediction Theory. Trans. ASME, J. Basic Eng., 1961.
[9] LEE, R., Optimal Estimation, Identification and Control. Cambridge Mass., 1964.
[10] WILFERT, H.-H., Über Forderungen an die Analysegenauigkeit stochastisch gestörter Regelungssysteme. Dr. sc. techn. Dissertation, TU Dresden, 1971.
[11] FELDBAUM, A. A., Grundlagen der Theorie optimaler automatischer Systeme (russ.). Nauka, Moskau, 1966
(Фельдбаум, А. А., Основы теории оптимальных автоматических систем.)
[12] RADTKE, M., Methoden zur dynamischen Optimierung industrieller Prozesse. msr **14** (1971) H. 7, S. 256 – 263.
[13] WERNSTEDT, J. u. U. PETER, Zur Parameterschätzung statischer Systeme mit Hilfe der rekursiven Regression. msr **14** (1971) H. 3, S. 96 – 100.
[14] PFLUGBEIL, W., Optimale Steuerung einer linearen Mehrgrößenstrecke für adaptives Führungsverhalten. msr **14** (1971) H. 7, S. 270 – 274.
[15] LEFKOWITZ, I., Multilevel Approach applied to Control Systems Design, Trans. ASME.
[16] FINDEISEN, W. u. I. LEFKOWITZ, Design and Applications of Multilayer Control. IV. IFAC-Kongreß, Warschau, 1969.
[17] MESAROVIĆ, M. D., D. MACKO u. Y. TAKAHARA, Theory of Hierarchical, Multilevel Systems. Acad. Press., N. Y., 1970.
[18] FLETCHER, R. (Hrsgb.), Optimization. Symposium-University Keele 1968, Acad. Press, N. Y., 1969.
[19] ZYPKIN, JA. S., Adaption und Lernen in kybernetischen Systemen. VEB Verlag Technik, Berlin, 1970.
[20] SPRENGER, H.-J., Ein Beitrag zum Entwurf lernender Sterungssysteme für die statische Prozeßoptimierung. Dissertation Technische Hochschule Ilmenau, 1971.
[21] TOU, J. T., Modern Control Theory. McGraw-Hill, N. Y., 1964.
[22] FINDEISEN, W., Parametric Optimization by Primal Method in a Two-Level System. Arch. Autom. i Telemech. XII (1967) H. 4.
[23] LASDON, L. u. J. D. SCHOEFFLER, A multilevel technique for Optimization. Proc. Joint Aut. Contr. Conf. 1965, Troy, N. Y.
[24] BROSILOW, G. B., LASDON, L. u. J. D. PEARSON, Feasible Optimization Methods for Interconnected Systems. Proc. JACC 1965, Troy, N. Y.
[25] KULIKOWSKI, R., Steuerung in Großen Systemen (poln.). Warschau, 1970.
[26] STRASZAK, A., On the Structure Synthesis Problem in Multi-level Control Systems. IFAC Symp., Tokyo, 1965.

Wilhelm Kämmerer

# Teilnehmer-Rechensysteme

## Ein Bericht über Zielsetzung, Struktur und Problematik

Unter einem Teilnehmer-Rechensystem versteht man eine von mehreren Außenstationen über Fernleitungen direkt erreichbare Rechenanlage, deren Komponenten und Betriebsprogramme dynamisch und beinahe gleichzeitig in solcher Weise den Teilnehmern zugeordnet werden können, daß jeder den Eindruck hat, der Rechner arbeite ausschließlich für ihn [1].

Etwas schärfer ist eine Definition nach Siemens-Unterlagen [2], bei der die Möglichkeit zu einem **gleichzeitigen** Zugriff zum System für **viele** Benutzer von **entfernten** Stationen zu **verschiedenen** Zwecken gefordert wird.

Die entsprechende Betriebsform wird als *Time-Sharing* bezeichnet. Dieses Prinzip wurde ursprünglich eingeführt, um einen wirkungsvollen Verkehr zwischen dem Rechner und den peripheren Einheiten zu erreichen, erstmalig bei der Elektrologica X 1 (1959). Die eigentliche Entwicklung von Teilnehmer-Rechensystemen beginnt um 1962 mit einer relativ kleinen Rechenanlage des BBN-Systems im Cambridge; das erste größere Projekt ist das Compatible-Time-Sharing-System (CTSS), das im Sommer 1963 am Massachusetts Institute of Technology (MIT) im Cambridge in Betrieb genommen wurde. Das im folgenden dargestellte Speicherzugriffssystem auf der Grundlage von Seiten- und Segmentzuordnungen wurde erstmalig am Projekt MAC (Multiple-Access-Computer) desselben Institutes 1965 realisiert.

In der Pionierzeit der Rechenautomatenentwicklung mußte der Programmierer die Anlage selbst bedienen. Wenn sein Programm lief, überwachte er den Automaten, bei Fehlersuche nutzte er die Möglichkeit, von dem Bedienungspult aus auf den Rechner einzuwirken und die verschiedenen Registerinhalte zu beobachten. Während er die anstehende Situation zu analysieren suchte und Überlegungen hinsichtlich des nächsten Schrittes nachging, stand die Anlage still: Die teure Rechenzeit wurde schlecht ausgenutzt.

Die Benutzer geben ihre Aufgaben meist in Form von Lochkartenstapeln beim Rechenzentrum ab. Nach einer Vorsortierung entsprechend ihrer Dringlichkeit werden die Lochkartenstapel der verschiedenen Benutzer nacheinander abgearbeitet. Das Resultat erhält der Auftraggeber im allgemeinen erst mehrere Stunden später als Ausgabe des Schnelldruckers. Nachteilig wirken sich diese langen Wartezeiten der *stapelweisen* Verarbeitung insbesondere bei der Entwicklung neuer Programme aus. Auch der manuelle Übergang von einem Programm zum nächsten erweist sich in der Folgezeit bald als äußerst unökonomisch. Setzt man als Zeitbedarf für einen solchen Wechsel 10 Sekunden an, so lag für die relativ langsamen Anlagen der ersten Zeit (rund 100 Operationen pro Sekunde) kein Anlaß zu einer Automatisierung dieses Prozesses vor. Ganz anders wurden aber die Verhältnisse, als Anlagen mit Rechengeschwindigkeiten von $10^5$ bis $10^6$ Operationen pro Sekunde zur Verfügung standen. Jetzt lieferten selbst Sekunden-Ausfälle, summiert über den Arbeitstag, beachtliche Kostenanteile; damit wurde eine Automatisierung durch geeignete Betriebssysteme für Programmwechsel, Überwachung und Fehlersuche ein vordringliches ökonomisches Anliegen.

Bei großen Anlagen werden die Aufgaben der einzelnen Benutzer auf Magnetband gespeichert, wobei für diesen Aufnahmeprozeß in vielen Fällen ein besonderer Kleinrechner zusätzlich eingesetzt wird. Ein umfangreiches Betriebssystem in Form spezieller *Betriebsprogramme* startet die einzelnen Benutzerprogramme (Stapelprogramme) in der von Anfang an festgelegten Reihenfolge, übersetzt die in einer höheren Programmiersprache abgefaßten Programme in die Maschinensprache und überwacht ihre Bearbeitung, wobei eine eventuelle Fehlersuche maschinenwie programmseitig eingeschlossen ist; die Resultate werden schließlich wieder auf Magnetband abgespeichert, die Ausgabe erfolgt getrennt vom Rechenprozeß und gesteuert von dem Kleinrechner über einen Schnelldrucker. Die Hauptanlage weist im Betriebsablauf zwei Modi auf, zu gewissen Zeiten steuert ein Stapelprogramm die Anlage, zu anderen Zeiten dagegen liegt die Steuerung beim Betriebssystem.

Für den Benutzer verbleiben immer noch die langen Wartezeiten, auch wenn er sich für die Datenübermittlung moderner Kommunikationsmittel, wie Fernschreiber, bedient. Auch die weitere Entwicklung der Rechenanlagen erwächst zunächst wesentlich aus wirtschaftlichen Belangen der Rechenzentren. Hatte man schon bei MARK I zwei Zentraleinheiten automatisch zur Fehlerkontrolle miteinander verbunden, so wurden bei späteren Anlagen, um immer leistungsfähigere Systeme zu schaffen, auch andere Einheiten mehrfach eingebaut, sei es zur Erhöhung der Sicherheit oder der Geschwindigkeit. Dieses Prinzip des *Multiprocessing* ist in erster Linie eine Angelegenheit der Hardware. Stärker die Software-

Seite betrifft ein anderes Prinzip, das Prinzip des *Multiprogramming*. Ihm liegt folgender Gedanke zugrunde: Wenn das in Bearbeitung befindliche *Stapelprogramm* weitere Daten aus peripheren Einheiten benötigt, liegt während der entsprechenden Übertragungsprozesse die Zentraleinheit brach. Diese Unwirtschaftlichkeit läßt sich vermeiden, wenn man gleichzeitig *mehrere Stapelprogramme* im Arbeitsspeicher (Kernspeicher) *bereit* hält. Wird die Arbeit der Zentraleinheit an einem Stapelprogramm unterbrochen, da dieses erst weitere Daten von peripheren Einheiten aufnehmen muß, so bearbeitet die Zentraleinheit inzwischen ein anderes im Kernspeicher befindliches Programm. Ein in dieser Weise strukturiertes System kann sehr wirtschaftlich auch für die Bearbeitung von *Echtzeitprogrammen* — Platzreservierung, Flugsicherung, Prozeßsteuerung — eingesetzt werden, wobei zugleich Stapelprogramme als ,,Hintergrund-Aufgaben durchgeführt werden, Die Abb. 1 zeigt einen solchen Betrieb. Im Kernspeicher ist neben dem ständig vorhandenen (resistenten) Betriebssystem BS und dem Programm zur Bearbeitung des vorgegebenen Echtzeit-Prozesses A eines der anstehenden Stapelprogramme B gespeichert. Wenn keine Anforderung von Seiten des Echtzeitprozesses vorliegt, wird dieses Stapelprogramm B bearbeitet. Kommt von dem Echtzeit-Prozeß ein Anforderungssignal an (Zeitpunkt 1), so wird dieses vom Betriebssystem aufgenommen. Das Betriebssystem übernimmt daraufhin die *Steuerung* und führt den Umstart von B auf A durch. Es sichert die sich auf B beziehenden Inhalte aus dem Befehlszähler und den Registern des Rechenwerks durch Abspeicherung und übergibt (Zeitpunkt 2) die weitere Steuerung an das Programm A. Gesetzt den Fall, daß das nun aktive Programm A zum Zeitpunkt 3 weitere Daten aus einem Sekundärspeicher oder von außen benötigt und dementsprechend eine

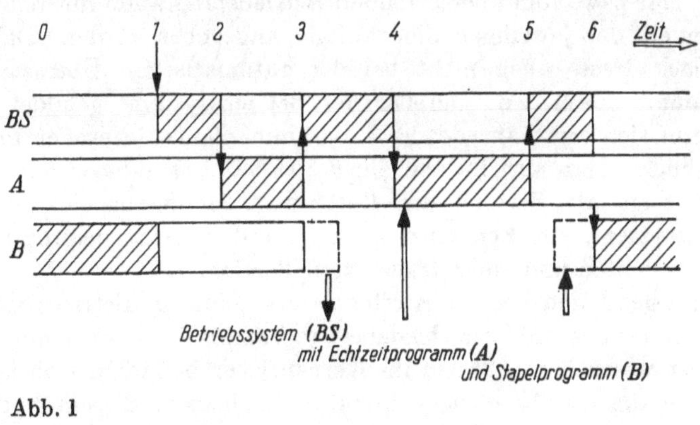


Abb. 1

Anforderung an das Betriebssystem abgibt. Jetzt übernimmt das Betriebssystem wieder die Steuerung, überprüft die Speicheranforderung und vergleicht diese mit dem noch vorhandenen freien Speicherplatz im Kernspeicher. Es möge dabei feststellen, daß dieser Raum nicht mehr zur Aufnahme der von A benötigten Daten ausreicht. Demzufolge lagert das Betriebssystem das Stapelprogramm B aus dem Kernspeicher aus in einen Sekundärspeicher. Danach (Zeitpunkt 4) übergibt es die Steuerung wieder dem Programm A. Dieses holt die benötigten Daten ein und beendet die anstehende Arbeit im Rahmen des Echtzeit-Prozesses. Das entsprechende Abschlußsignal aktiviert wieder das Betriebssystem (Zeitpunkt 5), das nun das ausgespeicherte Programm B wieder in den Kernspeicher einholt und zum Lauf bringt. Damit ist das *Hintergrund-Programm* wieder aktiv.

Die notwendig gewordene Umspeicherung hat ihre Ursache in der Kapazitätsbeschränkung des zentralen Kernspeichers. Wieder sind es wirtschaftliche Erwägungen, die nach sich ziehen, daß die schnellen, aber kostspieligen *Kernspeicher* relativ klein gehalten werden, die Speicherkapazität insgesamt vorwiegend in Form der wesentlich billigeren *Sekundärspeicher* (Trommel-, Platten- und Bandspeicher) zur Verfügung gestellt wird.

In dem vorliegenden Beispiel der Abb. 1 kann das Stapelprogramm nach seiner Auslagerung wieder auf den gleichen Bereich des Kernspeichers eingeholt werden. Somit können in diesem Fall im Stapelprogramm absolute Adressen verwendet werden. Im allgemeinen wird man bei Multiprogramming jedoch damit rechnen müssen, daß bei erneuter Einspeicherung eines Programmteils nicht wieder der zuvor innegehabte Platz zur Verfügung steht. In einem solchen Fall können die Adressen vom Programmierer bzw. vom übersetzenden Betriebsprogramm nur relativ, d. h. bezogen auf den jeweiligen Blockanfang, angegeben werden. Dabei kann die Blockadresse auch nicht bei der automatischen Übersetzung des Programms durch den Compiler des Betriebssystems gebildet werden: Sie ergibt sich erst während des Programmablaufs, sozusagen im letzten Augenblick. Man spricht von einer *dynamischen Adressenbildung.* Die Abb. 2 zeigt als Beispiel die Aufteilung des Kernspeichers für das Betriebssystem, ein Echtzeitprogramm und zwei Stapelprogramme in einen residenten und einen transienten Bereich.

Naheliegend und besonders effektiv erscheint ein Betriebssystem, bei dem sich jeweils drei verschiedene Programme evtl. auch nur in ihren zunächst wesentlichen Teilen im Kernspeicher befinden, wobei das eine gerade in aktiver Phase ist, während ein anderes zu diesem Zeitintervall

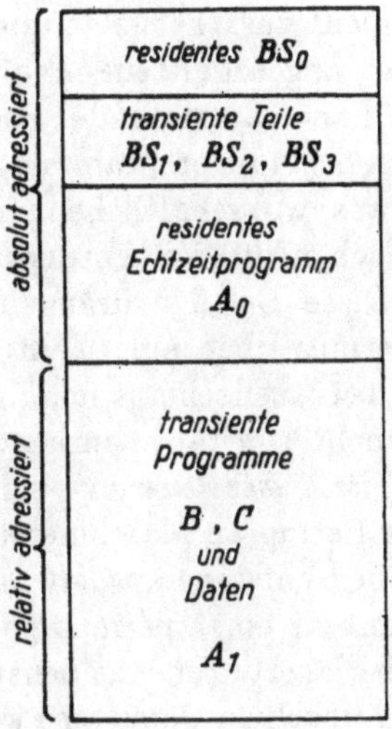


Abb. 2

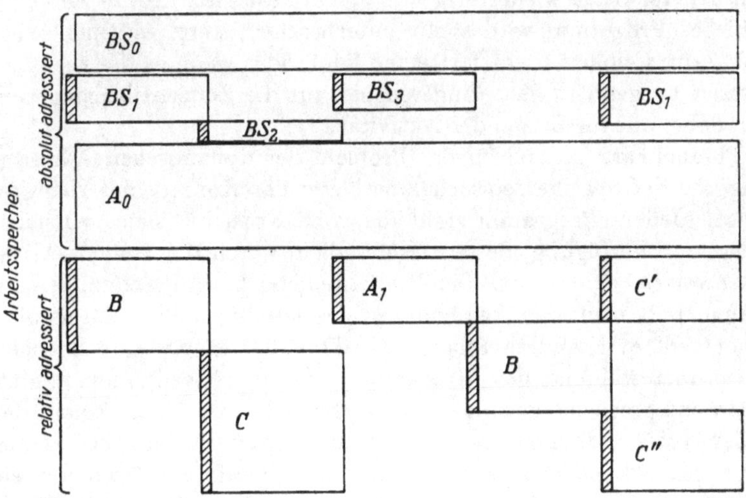


Abb. 3

ausgelagert und das dritte eingeholt wird. Die Abb. 3 zeigt, wie dabei die Notwendigkeit auftreten kann, bei Wiedereinholung einem ausgelagerten Programm einen anderen Bereich wie zuvor zuzuweisen, u. U.

sogar unzusammenhängend, wenn man nicht zusätzliche zeitaufwendige Umspeicherungen vornehmen will. Das angeschnittene Problem der dynamischen Adressenbildung und die dabei auftretende *Speicherzerstückelung* sind wesentliche Schwierigkeiten bei Multiprogramming. Resultieren diese Entwicklungen wesentlich aus wirtschaftlichen Interessen der Rechenzentren, so entsprechen sie noch nicht den Forderungen der Benutzer nach kurzen Antwortzeiten. Diese Belange drängen auf ein *Multi-Access-System*, bei dem die Steuerung über eine Zentraleinheit zwischen einer Vielzahl von Benutzern bei „zeitscheibenmäßiger" Zuteilung kommutiert wird. Dabei können auch Prioritätsansprüche berücksichtigt werden. Nun läßt eine einfache *Zeitscheibensteuerung*, bei der dem einzelnen Benutzer jeweils ein konstanter Betrag an Maschinenzeit zugestanden wird, Totzeiten für die Zentraleinheit entstehen, wenn ein aktives Programm zur weiteren Arbeit erst Daten aus einer peripheren Einheit einholen muß. Dieser Sachlage wird eine überlagerte Zeitscheibensteuerung gerecht, bei der zwar nach Prioritäten den einzelnen Benutzern konstante Maschinenzeiten zugewiesen werden, bei auftretenden Arbeitslücken jedoch ein Programm niederer *Prioritätsstufe* aktiviert wird, bis das Programm höherer Stufe wieder arbeitsfähig geworden ist. Ein in Zuteilung befindliches Programm wird somit unterbrochen, wenn es seine Arbeit mit der Zentraleinheit nicht fortsetzen kann oder wenn es die zugeteilte Arbeitszeit ausgenutzt hat. Angerechnet auf die Zeitscheibensteuerung werden dabei nur die Zeiten der Aktivität.

Eine brauchbare Lösung für das Problem der dynamischen Adressenbildung und der Speicherzerstückelung bietet das Konzept des **virtuellen Speichers**. Jedem Programm steht die volle Kapazität eines virtuellen Speichers zur Verfügung, dessen Größe allein durch die Stellenzahl des Adressenwortes begrenzt ist. Der Programmierer bzw. das compilierende Programm teilt nach den Bedürfnissen des jeweiligen Programms ohne Rücksicht auf evtl. andere Programme die Adressen zu. Das Betriebssystem ordnet während des Programmablaufs der jeweils momentanen Situation entsprechend und daher u. U. wechselnd über den Ablauf den virtuellen reale Adressen aus der Gesamtkapazität der verfügbaren Primär- und Sekundärspeicher zu. Um die Zuordnungsdaten auf ein erträgliches Ausmaß zu beschränken, führt man diese Zuordnung blockweise durch. Der virtuelle Speicher des betreffenden Programms und der reale Speicher der Rechenanlage werden in gleich große Stücke zerlegt, wobei man im allgemeinen eine Größenordnung von 1 K (= 1024) Wörter wählt; beim virtuellen Speicher spricht man von *Seiten*, beim realen Speicher von *Kacheln*. Eine Kachel kann also gerade den Inhalt einer

Seite aufnehmen. Innerhalb jeder Seite bzw. Kachel sind die Wortplätze relativ zum Anfang adressiert. Nun wird im allgemeinen ein Benutzer sein Programm aus mehreren Einzelprogrammen aufbauen. Man spricht von *Segmenten*. Die Angabe einer virtuellen Adresse erfordert somit drei Daten:

$s$ = Nummer des Segments des Benutzers,
$p$ = Nummer der Seite (page) im Segment,
$l$ = relative Adresse der Zelle (line) innerhalb der Seite.

Setzt man für $p$ $\alpha$ Dualstellen und für $l$ $\beta$ Dualstellen im virtuellen Adressenwort an, so läßt sich die virtuelle Adresse als

$$(2^{\alpha} \cdot s + p) \cdot 2^{\beta} + l$$

schreiben

Ist $k$ die Adresse der Kachel, die der durch $(s, p)$ festgelegten Seite des virtuellen Speichers zu einem bestimmten Zeitpunkt des Programmablaufs zugeordnet ist, so ergibt sich die der virtuellen Adresse

$$(s, p, l)$$

entsprechende reale Adresse zu

$$k + l$$

Die Bildung einer relativen Adresse läßt sich in bekannter Weise mit Hilfe eines Basisregisters, in das die Basisadresse, hier also $k$, eingegeben wird und eines Adressenrechners durchführen, der zu der relativen Adresse den Inhalt des Basisregisters addiert.

Zu klären bleibt noch, wie sich die bei Multiprogramming wechselnde Zuordnung

$$(s, p) \rightarrow k$$

realisieren läßt. Hier wird ein Vorgehen erläutert, das erstmalig im Atlas-Computer (T. KILBURN) verwirklicht wurde und als Hardware zusätzlich einen *Assoziativ-Speicher* (von mindestens 8 Registern) verwendet (Abb. 4). Wenn zu Beginn eines dem Benutzer vom Betriebssystem zugeteilten Zeitquantums die zunächst benötigten Programmteile auf den Kernspeicher übertragen werden, werden in einer dem betreffenden Benutzer eigenen Segmenttabelle die im Rahmen der freien Speicherkapazität zugeordneten Paare von Segmentnummer $s$ und der Basisadresse der diesem Segment eigenen Seitentabelle eingeschrieben und in der Seitentabelle selbst die Paare aus Seitennummer $p$ und Basisadresse $k$ der zugeteilten Kachel.

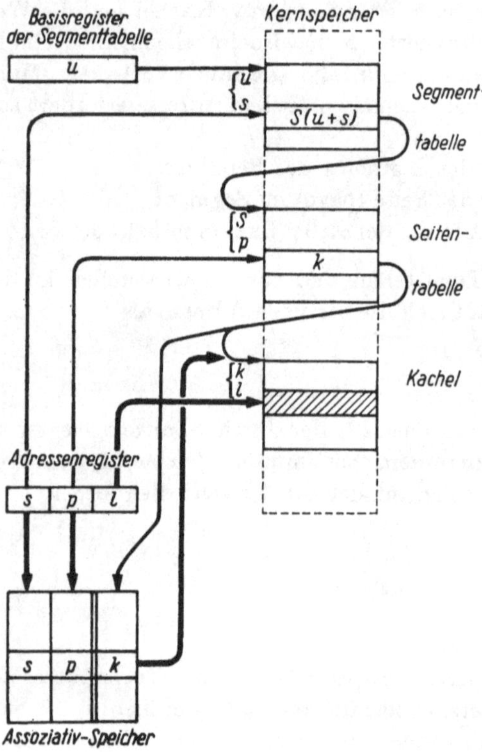


Abb. 4

Bei jeder Änderung in der Belegung des Kernspeichers werden vom Betriebssystem diese Eintragungen auf den jeweiligen Stand gebracht. Mit Aktivierung eines Benutzerprogramms werden die dem Benutzer eigene Segmenttabelle und alle in Frage kommenden Seitentabellen der jeweiligen Segmente in den Kernspeicher eingebracht.

Während der Abarbeitung des aktiven Benutzerprogramms stehe zu einem bestimmten Zeitpunkt in Speicheradreßregistern die virtuelle Adresse $(s, p, l)$ an.

Um daraus die reale Adresse zu gewinnen, müßten die folgenden Prozesse durchgeführt werden:

Der erste Zugriff müßte zur Segmenttabelle des Benutzers (user) führen und aus ihr über ihre Basisadresse $u$ und die relativen Segmentadresse $s$ die Basisadresse der zugehörigen Seitentabelle erfassen. Damit ist als zweiter Zugriff der zur zugehörigen Seitentabelle möglich und liefert über die relative Seitenadresse $p$ die Basisadresse $k$ der zugeordneten Kachel. Erst ein dritter Zugriff über die aus $k$ und der relativen Adresse $l$ gebildete Adresse führt zu dem Zielwort. Da in dieser Form drei Speicherzyklen zu durchlaufen wären, ließe sich praktisch das Verfahren nicht verwenden. Nun läßt sich aber das Verfahren so gestalten, daß die zeitaufwendige Bildung der Zuordnung

$$(s, p) \rightarrow k$$

über zwei Speicherzyklen nur einmal beim erstmaligen Auftreten des Paares $(s, p)$ durchgeführt werden muß. Allerdings erfordert dies die Bereitstellung einiger schneller Register als Assoziativ-Speicher. Eine während der Aktivität eines Programms festgestellte Zuordnung wird als Tripel

$$(s, p/k)$$

in einem freien Register des Assoziativ-Speichers eingeschrieben. Der gesamte Umrechnungsprozeß von virtueller Adresse zur realen Adresse spielt sich nun, im folgenden vereinfacht, ab:

Beim Anstehen einer virtuellen Adresse $(s, p, l)$ wird zunächst der Assoziativ-Speicher durchmustert, ob in ihm das Paar $(s, p)$, d. h. die Zahl $2^{\alpha} \cdot s + p$ eingangsseitig steht. Wenn dies zutrifft, wird die ausgangsseitig stehende Kacheladresse $k$ entnommen und nun in einem einzigen Speicherzyklus das Zielwort gefunden.

Steht jedoch die Zahl $2^{\alpha} \cdot s + p$ noch nicht im Assoziativ-Speicher, so wird, wie oben beschrieben, die Zuordnung in zwei Speicherzyklen durchgeführt und als Ergebnis im Assoziativ-Speicher notiert.

Somit benötigt man im allgemeinen statt dreier Kernspeicherzyklen *eine Abfrage des Assoziativ-Speichers*, die *extrem schnell* durchgeführt werden kann, und nur einen Kernspeicherzyklus. Die gesamte Zugriffszeit liegt daher nur wenig über der von herkömmlichen Rechenautomaten.

Spezielle Probleme bezüglich anzuwendender Strategien ergeben sich aus dem Dilemma, das darin liegt, daß auf der einen Seite aus Kostengründen die Kapazität der Kernspeichers, aber auch die Anzahl der schnellen Assoziativ-Register niedrig gehalten werden soll, auf der anderen Seite aber aus Gründen der Arbeitseffektivität der unproduktive Transport von Daten infolge allzu häufiger Umspeicherungen in Grenzen bleiben soll. Es liegt auf der Hand, daß sich bei relativen Kostenverschiebungen, wie sie durch verbesserte Technologie bei der Produktion von Kernspeichern erwartet werden können, sich auch die Beurteilungsmaßstäbe ändern werden und dementsprechende Einflüsse auf den Systementwurf resultieren.

Um den Komplex Teilnehmer-Rechensysteme auch aus der Sicht und dem Interesse des Benutzers zu beleuchten, wären als weitere Fragen zu behandeln die der Kommunikation und ihrer Sicherung gegen Störungen sowie der Terminals, das sind die technischen Einrichtungen, die an der Schnittstelle zwischen maschinellem Bereich und der menschlichen Sphäre liegen, also Fernschreiber, evtl. mit zusätzlichen Kleinrechnern, Geräte zur graphischen Darstellung sowie Display-Einrichtungen.

Diese Problemkreise erfordern eine gesonderte Behandlung und sollen hier ausgeklammert bleiben.

Aufmerksamkeit soll dagegen der Frage nach dem *Speicherschutz* gewidmet werden, durch den dem Benutzer die unbedingte Gewähr geboten werden muß, daß seine Dateien im Gesamtspeicher der Rechenanlage gegen unbefugten Zugriff gesichert sind.

Hatte man es schon zuvor gelernt, bestimmte Bereiche des Kernspeichers, die das Betriebssystem tragen, gegen unbeabsichtigte Eingriffe infolge Maschinenschadens oder durch fehlerhafte Benutzerprogramme zu sichern, so mußte man nun nach allgemeineren Möglichkeiten suchen, die verhindern, daß ein Benutzerprogramm zu Segment- oder Seitentabellen greifen kann, mit denen es nichts zu tun hat. Dabei bietet sich an, in das Hardware-Register, das die Basisadresse $u$ des Benutzers trägt, auch eine Angabe über die Länge der Segmenttabelle aufzunehmen. Damit kann das Betriebssystem überprüfen, ob eine in der virtuellen Adresse eines Befehls enthaltene Segmentangabe für diesen Benutzer zulässig ist. Folgerichtig wird man in der Segmenttabelle neben den Eintragungen der Basisadressen für die betreffenden Seitentabellen auch deren Begrenzungen vorsehen. Schließlich läßt sich der Speicherschutz noch weiter vervollkommnen, indem man in der Segmenttabelle weitere Stellen bereitstellt, in denen sich Angaben über die zulässigen *Zugriffsklassen* eintragen lassen. Dabei gibt es drei Zugriffsklassen, eine, die besagt, daß die betreffenden Bereiche vom Benutzer gelesen und auch überschrieben werden dürfen, eine zweite, die nur ein Lesen gestattet, und schließlich eine dritte Klasse, die es gestattet, daß der Benutzer sich der in diesem Bereich stehenden Informationen im Sinn eines Programms bedient, von ihnen selbst aber keine Kenntnis nehmen darf. Auch die Assoziativ-Register müssen entsprechend zusätzliche Stellen enthalten, damit beim erstmaligen Zugriff die gewonnenen Angaben über die Zugriffsklasse notiert werden können.

Die skizzierten Maßnahmen beziehen sich auf den Ablauf im Kernspeicher. Darüber hinaus lassen sich auch Sicherungen bezüglich der in Sekundärspeichern niedergelegten Dateien vorsehen. Da eine *Datei* nur als Ganzes übertragen wird, genügt hier ein Schlüssel, der der Datei vorangestellt wird. Bei einem in Cambridge realisierten Projekt besteht dieser aus vier Abschnitten. Der erste Teil bezeichnet den Benutzer, der zweite und der dritte Teil kann vom Benutzer beliebig in der Bedeutung eines Namens ausgefüllt werden. Der vierte Teil kennzeichnet den Status der Datei. Hier wird beim Anlegen der Datei festgelegt, welche Privilegien der Benutzer sich selbst, evtl. Partnern bzw. der Allgemeinheit bezüglich einer Benutzung der Datei geben will, und schließlich eine Angabe über die Dauer der Datei. Diese kann temporären oder permanenten Charakter haben, auch für das Archiv bestimmt sein. Diese Angaben haben u. a. zur Folge, daß bei einer permanenten Datei das Betriebssystem spätestens nach 20 Minuten einen Dateiabzug auf Band speichert, um so den Informationsverlust bei evtl. Maschinenschaden auf ein Mindestmaß zu beschränken. Am Rand sei hier vermerkt, daß moderne Maschinen auch gegenüber Spannungsausfall insoweit gesichert sind, daß sie bei ihren hohen Arbeitsgeschwindigkeiten noch während einer halben Phase der Wechselspannung eine kritische Absenkung der Spannung erfassen und den Inhalt der wichtigsten Register durch externe Abspeicherung in Sicherheit bringen können. Das Anlegen einer Datei und ein späterer Zugriff zu ihr wird von dem Betriebssystem über eine Befugnisliste überwacht [2].

Abschließend seien hier noch einige Erfahrungen über Teilnehmer-Rechensysteme angeführt, soweit solche aus der Literatur bekannt geworden sind. Man ist zunächst mit sehr weit gespannten Erwartungen an die Problematik herangegangen. Die sich anbietenden Möglichkeiten waren allzu verlockend. Insbesondere versprach man sich viele neue Möglichkeiten von dem *Dialog-Betrieb* zwischen Mensch und Maschine, so z. B. rechner-gestützt auch an umfangreiche Problemstellungen herangehen zu können. Auch die wirtschaftliche Seite war vielversprechend. Dem Benutzer steht eine Großanlage zur Verfügung, ohne daß er sich um ihre Auslastung zu kümmern hat und mit einer Kostenbeteiligung, die seinen jeweiligen Ansprüchen entspricht. Dem Rechenzentrum anderseits war eine volle Auslastung der kostspieligen Anlage gesichert. Die ersten größeren Projekte zeitigten eine gewisse *Ernüchterung*. Es stellte sich heraus, daß das zugrunde liegende Prinzip die Gefahr in sich birgt, organisatorische Arbeit, die durch ein allzu häufiges Umspeichern anfällt, zum Selbstzweck entarten zu lassen. So hat sich gezeigt [3, S. 182], daß es zweckmäßig ist, die Anlage nur bis etwa 65% der Maschinenkapazität mit Teilnehmeraufgaben zu belasten, die restlichen 35% durch Hintergrundaufgaben auszunutzen. Man hat auch einige Versuche unternommen, Beurteilungen aus der Praxis zu gewinnen [4, S. 311ff.]. Dabei stellte sich allerdings heraus, daß es sehr entscheidend ist, ob das Urteil von einem Benutzer stammt, der im *Stapel-Betrieb* ausgebildet wurde, oder von einem, der im *Time-Sharing-Betrieb* herangewachsen ist. Allgemein scheint es sich zu bestätigen, daß die Stapelverarbeitung sich als vorteilhafter erweist, wenn man auf niedrigsten Bedarf an Maschinenzeit ausgeht. Anderseits zeigt das Time-Sharing-Prinzip eine gewisse Überlegenheit, wenn man als Maßstab für die Beurteilung die Zeiten ansetzt, die der Benutzer als menschliche Arbeitskraft für die Lösung eines Problems benötigt. Sicher gibt ihm der Dialogbetrieb Möglichkeiten, zu einem besser durchdachten und ausgereifteren Vorgehen, insbesondere auch zu einer stärker in die Breite gehenden Bearbeitung des anstehenden Problems; man darf aber nicht übersehen, daß im Dialogbetrieb auch die Gefahr liegt, aus einer gewissen Denk-Trägheit heraus menschliche Arbeitszeit gegen Maschinenzeit auszutauschen. Hinsichtlich der anfallenden Kosten dürften sich z. Z. keine wesentlichen Unterschiede zeigen. Zukünftig könnte jedoch eine gewisse Verschiebung eintreten, da man wohl annehmen kann, daß in der Zukunft die Maschinenkosten abnehmen werden, die Personalkosten dagegen weiter steigen dürften.

## *Literatur*

[1] HÄNDLER, W. (Herausgeber), Teilnehmer-Rechensysteme. Vorträge der Fachtagung der Nachrichtentechnischen Gesellschaft in Erlangen vom 20. bis 22. Sept. 1967, R. Oldenbourg Verlag, München und Wien, 1968.

[2] WILKES, M. V., Time-Sharing-Betrieb bei digitalen Rechenanlagen. BSB B. G. Teubner Verlagsgesellschaft, Leipzig, 1970 (Deutsche Übersetzung von: Time-Sharing Computer Systems. Macdonald & Co., Ltd., 1968).

[3] GRAEF, M., GREILLER, R. und HECHT, G., Datenverarbeitung im Realzeitbetrieb. R. Oldenbourg Verlag, München und Wien, 1970.

[4] INFOTECH, Computing Terminals. International Computer State of the Art Report 4, INFOTECH limited Maidenhead Berkshire England, 1971.

*Inhaltsverzeichnis*

# SITZUNGSBERICHTE DES PLENUMS UND DER KLASSEN DER AKADEMIE DER WISSENSCHAFTEN DER DDR

*Jahrgang 1970*

WERNER BAHNER

**Nicolae Bălcescu (1819—1852). Ein rumänischer revolutionärer Demokrat im Kampf für soziale und nationale Befreiung**

1970. 24 Seiten — 8° — 4,50 M
Bestell-Nr. 751 822 9 (2010/70/V/1)

WALTER DIETZE

**Rede zum zweihundertsten Geburtstag Friedrich Hölderlins**

1970. 16 Seiten — 8° — 2,90 M
Bestell-Nr. 751 828 8 (2010/70/V/2)

W. SCHIRMER / G. VOJTA / H. KRIEGSMANN / R. PAETZOLD

**Zu einigen Fragen der Wechselbeziehungen zwischen Physik und Chemie I**

1971. 71 Seiten — 15 Abbildungen — 8° — 6,50 M
Bestell-Nr. 761 539 5 (2010/70/3)

*Jahrgang 1971*

HARALD DUTZ

**Probleme der Organtransplantation. Hans Gummel. Diskussionsbemerkungen**

1971. 18 Seiten — 7 Abbildungen — 8° — 3,50 M
Bestell-Nr. 761 624 8 (2010/71/1)

B. A. LAPIN

**Untersuchungen über eine eventuelle Virusätiologie menschlicher Leukämien (Versuche an Affen)**

1972. 13 Seiten — 8 Abbildungen — 8° — 4,— M
Bestell-Nr. 761 705 9 (2010/71/2)

ERNST ENGELBERG

**Die Pariser Kommune 1871. Schöpferkraft der Massen und wissenschaftliche Theorie**

1971. 26 Seiten — 8° — 3,20 M
Bestell-Nr. 752 183 1 (2010/71/3)

*Jahrgang 1972*

Autorenkollektiv

**Gedanken von Helmholtz über schöpferische Impulse und über das Zusammenwirken verschiedener Wissenschaftszweige**

1972. 78 Seiten – 8° – 9,– M
Bestell-Nr. 761 755 0 (2010/72/1)

Walter Markov / Werner Bahner / Johannes Irmscher

**Nicolae Iorga (1871–1940).** Historiker, Literaturhistoriker, Byzantinist

1972, 22 Seiten – 8° – 3,50 M
Bestell-Nr. 752 281 8 (2010/72/2)

Eugen-Georg Woschni / Franz-Heinrich Lange / Karl Reinisch / Wilhelm Kämmerer

**Zu einigen Fragen großer Systeme**
Vorliegendes Heft

Autorenkollektiv

**Probleme der Bildung im Sozialismus**
In Vorbereitung – Bestell-Nr. 752 398 4 (2010/72/4)

Joachim Herrmann

**Die Nordwestslawen und ihr Anteil an der Geschichte des deutschen Volkes**
1973. 40 Seiten – 9 Abbildungen – 6 Landkarten – 8° – 5,– M
Bestell-Nr. 752 374 9 (2010/72/5)

**Dialektische Wechselbeziehungen zwischen ökonomischer Theorie, Wirtschaftspolitik und Wirtschaftspraxis und die damit verbundenen Konsequenzen für die wirtschaftswissenschaftliche Forschung.**

2. Tagung des Wissenschaftlichen Rates für die Wirtschaftswissenschaften
In Vorbereitung – Bestell-Nr. 751 822 9 (2010/72/6)

*Jahrgang 1973*

Werner Mittenzwei

**Brecht und die Naturwissenschaften**
In Vorbereitung – Bestell-Nr. 752 397 6 (2010/73/1)

*Einzel- oder Fortsetzungsbestellungen durch eine Buchhandlung erbeten*

THEORIA CUM PRAXI

AKADEMIE-VERLAG BERLIN